한권으로
초등
수학
끝

한 권으로 초등수학 끝

지은이 류승재, 안경수, 정영수, 김영조, 박철
펴낸이 임상진
펴낸곳 (주)넥서스

초판 1쇄 발행 2021년 10월 25일
초판 10쇄 발행 2024년 1월 30일

출판신고 1992년 4월 3일 제311-2002-2호
10880 경기도 파주시 지목로 5
Tel (02)330-5500 Fax (02)330-5555

ISBN 979-11-6683-144-7 63410

www.nexusbook.com
www.nexusEDU.kr/math

중등수학 전에 꼭 봐야 할 총정리!

한 권으로 초등 수학 끝

류승재
안경수
정영수
김영조
박 철

넥서스에듀

저자 소개

류승재

고려대학교 수학과를 졸업하였고, 대학 시절 시작한 과외가 인연이 되어 수학 강사로 24년째 활동하고 있다. 초등, 중등, 고등, 재수부에서 교과 수학, 사고력 수학, 경시 수학, SAT, AP, 수리 논술, 대학별 면접 시험, 수능 등 다양한 분야의 수학을 다루고 가르치고 있다. 초등학생 때 올바른 공부법을 체화한 아이들이 고등수학까지 잘할 수 있다는 것을 알고 이를 공유하기 위해 유튜브 채널 [공부머리 수학법]을 운영하기 시작하였다. 초등에서 고등으로 이어지는 수학 로드맵을 제시하는 베스트셀러 도서 〈수학 잘하는 아이는 이렇게 공부합니다〉의 저자이기도 하다.

안경수

고려대학교 수학과를 졸업하였고, 학창 시절 동생에게 수학을 가르치며 강사로서의 소질을 깨닫고 대학 시절부터 과외, 학원 강사 아르바이트를 하였다. 본격적으로 수학 강사 시작한 지 3개월 만에 대치동 학원 가로 이직하여 10년간 근무하였고, 현재는 강남대성학원에서 수학을 가르치고 있다. 수학을 잘하기 위해서 어떤 과정이 필요한지 알아내기 위해 수학을 잘하거나 못하는 학생들의 특징을 관찰하고, 공통점과 차이점을 파악하며 연구 진행 중이다.

정영수

고려대학교 수학과를 졸업하였고, 2004년 유명 기숙 학원을 시작으로 18년째 강의 중이다. 기초가 부실하면 어떤 고급 기술도 써먹을 수 없다는 신념을 가지고 학생들의 기초 능력 향상에 주력하고 있다. 또한 수학 성적의 향상이나 높은 점수만을 위한 공부가 아닌 평생 도움이 되는 진짜 수학을 가르치는 것에 관심을 가지고 있다.

김영조

고려대학교 수학과를 졸업하였고, 수학 강사로 20년간 활동하고 있다. 강사 생활 초반에는 고등 내신, 수능 대비 위주의 수업을 하다가 중등 및 초등 과정을 지도할 필요성을 느꼈다. 이후 지금까지 초등 고학년, 중등, 고등 과정을 지도하며 수학을 어렵게 느끼는 아이가 어느 과정에서 빈틈이 생기고 어려워하는지 이유를 파악하고자 연구를 진행하고 있다. 현재는 학년 구분 없이 개인별 역량에 맞추어 학생들을 지도하고 있다.

박철

고려대학교 수학과를 졸업하였고, 압구정 수학 전문 학원에서 시작하여 지금까지 강사로 활동하고 있다. 고등학교 방과후 교사로서 교과과정 학습의 빈틈을 메우는 수업도 하였고, 교재 〈플래티넘 고등 수학〉의 자문위원으로도 활동하였다. 여러 수학 전문 학원에서 수학을 가르쳤으며, 현재는 엠토피아 수학 학원의 원장으로 아이들을 가르치고 있다.

머리말

어떻게 하면 우리 아이들이 수학을 잘할 수 있을까?

수험생 자녀를 둔 학부모님과 현직에서 학생들을 가르치는 선생님들의 공통된 고민일 것입니다. 초등학교 때는 수학을 잘하던 학생들도 중학교를 거쳐 고등학교에 진학하면 낮은 성적을 받고 자신감을 잃어서 수포자의 길을 걷는 경우가 종종 있습니다. 이런 일을 겪지 않고 고등수학, 수능수학까지 쭉 수학 잘하는 학생이 되려면 어떻게 해야 할까요?

고등수학을 잘하고 싶다면 초 · 중등수학을 이해해야 합니다.

초등수학은 아이들의 인지 발달과 행동 발달의 순서에 따라 공식을 최대한 배제한 채로 개념을 정교하게 확장해 나갑니다. 이런 인지의 확장 없이 선행 학습을 통해 공식으로 문제만 푸는 학생이라면 초등에서는 잘하는 학생으로 인식될 수 있지만 이후 중 · 고등에서 개념의 부재를 경험하게 됩니다. 그 다음 단계인 중등수학은 초등수학에서 배운 내용들을 기호화하고 이를 통해 기본 개념들을 확장시키는 방향으로 진행됩니다. 익숙한 말이 아닌 수학 기호로 표현된 문장을 나만의 언어로 해석할 수 있어야 합니다. 단순히 빈출 문제를 암기하는 식으로 공부하는 학생이라면, 많이 봤던 문젠데 이상하게 안 풀린다는 얘기를 하게 됩니다.

초등수학의 개념을 튼튼히 다지고 중등수학을 준비해야 합니다.

이를 위해 현직 학원 강사이자 초 · 중등 자녀를 둔 수학 전공자 5명이 힘을 합쳤습니다. 수많은 학생들을 지도하고 자신의 자녀까지 직접 가르친 경험을 기반으로 초등학생에게 꼭 필요한 교재를 만들고자 했습니다.
3개월간의 기획 회의를 거쳐, 초등 과정을 마치고 중등수학을 시작하려는 학생들이 초등수학의 개념과 원리를 정확하게 이해하여 기초를 튼튼히 다질 수 있도록 교재 방향을 잡았습니다. 모든 초등 과정을 정리하는 것은 너무 방대하고 시간 낭비이기 때문에, 중요성이 떨어지거나 중등 연계성이 거의 없는 내용은 과감히 생략했습니다. 초등수학은 초3 과정부터 중요한 수학 개념들이 등장합니다. 따라서 초3~초6 과정 중에서 정확히 알아야 할 중요한 개념과 중등수학으로 연계되는 부분 위주로 구성했습니다. 본 교재는 2주에서 4주 정도의 기간에 마스터하는 것을 추천합니다. 교재에 수록된 내용만 충실히 학습하면 중등수학을 공부하는 데 필요한 핵심적인 초등 개념은 총정리할 수 있습니다.

앞으로 이 책을 통해 우리 아이들이 수학 잘하는 자신감 넘치는 학생으로 자라길 바랍니다.

저자 류승재, 안경수, 정영수, 김영조, 박철

구성과 특징

1 개념 다지기

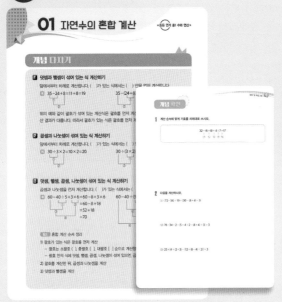

이해하기 쉬운 예시와 설명으로 기본 개념을 공부하고, 확인 문제를 풀면서 응용 연습도 할 수 있어요.

2 개념 넓히기

기본 개념에서 한발 더 나아간 응용 개념과 중등수학에 연계되는 내용을 다루어, 개념을 확장할 수 있어요.

3 개념 끝내기

단원에서 배운 개념들을 종합적으로 테스트하며 확실히 이해했는지 확인할 수 있어요.

4 개념 테스트

정해진 답안 없이 백지에 배운 내용을 정리해 보며 스스로를 점검할 수 있어요.

★ 준비물 : 개념 노트, 오답 노트, 민무늬 연습장 ★

1. 개념 노트를 활용하여 개념 공부하기

중등수학부터는 개념의 양이 많아지므로 개념 학습 시, 개념 노트 활용이 필요합니다.

○ 개념 노트 쓰는 방법

1단계 교재에 있는 개념 필사하기(베껴 쓰기)

2단계 나에게 부족하거나 필요한 부분 위주로 개념 정리하기

3단계 풀었던 문제에 적용되는 원리나 공식 정리하기

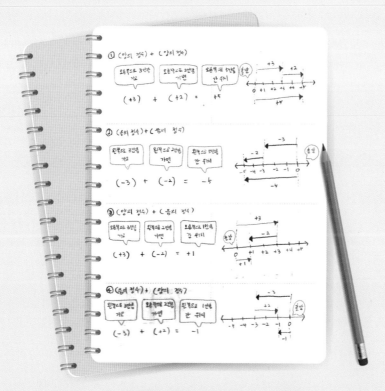

〈초등학교 6학년이 작성한 개념 노트 예시〉

2. 문제 풀기

개념 공부도 중요하지만 배운 원리를 문제에 적용하는 연습을 하는 것도 중요합니다.

○ 본 교재 문제 구성

(1) 개념 다지기의 개념 확인 : 기본 개념을 제대로 이해했는지 확인하는 문제들로 구성

(2) 개념 넓히기의 예제 : 확장된 개념을 적용하는 문제들로 구성

(3) 개념 끝내기(1회당 12~15문제, 풀이 시간 30분) : 해당 단원에서 배운 개념들을 유형에 대한 단서 없이 시험 보듯이 연습할 수 있도록 구성

○ 문제 해결 방법

(1) 문제를 풀다가 막힐 때는 개념을 복습하고 다시 풉니다.

(2) 개념을 복습해도 문제가 안 풀릴 때는 해설지에 있는 단계별 힌트를 활용합니다.

3. 오답 노트 작성하기

중등수학부터는 수학 문제를 풀 때에 체계적인 식을 세워 정리하는 연습이 필요합니다. 추측하여 머리 속으로 풀지 않고 직접 손으로 식을 정리하여야 하며, 틀린 문제들은 오답 노트 작성을 통해 자신의 것으로 만들어야 다시는 틀리지 않습니다. 또한, 오답 노트 작성은 서술형 평가에도 직접적인 도움이 됩니다.

○ 오답 노트 작성하는 방법

(1) 틀린 문제 중, 복잡하고 어려운 문제 선택

→ 스스로 다시 풀어 고친 문제가 아닌, 몰라서 질문했거나 해설을 참고한 문제만 오답 노트에 작성합니다.

(2) 문제를 식별할 수 있는 교재명과 문제 번호를 쓴 뒤, 문제의 해설을 나만의 방식으로 자세히 정리

→ 나중에 이 문제를 다시 풀었지만 틀렸을 경우, 오답 노트에 작성된 풀이만 보고 내가 이해할 수 있을 정도로 정리해야 합니다.

> ■ 오답 노트를 어떻게 작성해야 할지 모를 경우 ■
>
> 해설지의 풀이를 베껴 씁니다. 해설지 필사가 익숙해지면, 해설지를 나만의 언어로 바꾸어 정리합니다.

(3) 교재를 마무리한 후, 오답 노트에 정리한 문제들을 다시 풀기

(4) 다시 풀었을 때, 안 풀리는 문제는 오답 노트에 스스로 정리한 풀이를 참고하여 해결

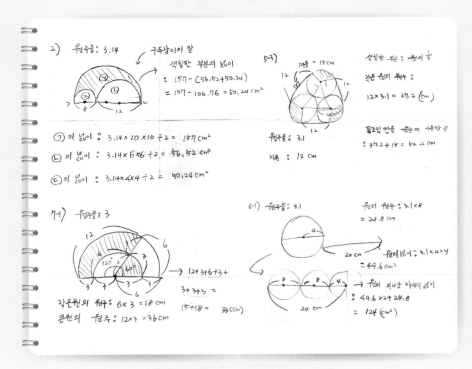

〈초등학교 6학년이 작성한 오답 노트 예시〉

4. 개념 테스트하기

뇌 과학에서는 우리가 공부한 것을 장기 기억에 저장하는 데 도움이 되는 방법으로 적극적 회상하기를 추천합니다. 적극적 회상하기의 종류에는 공부한 것을 머릿속에 떠올려 보기, 하얀 백지에 써 보기, 누군가에게 설명하기 등이 있습니다. 개념 테스트는 공부한 것을 백지에 회상하며 쓰는 방법입니다.

○ 개념 테스트를 하는 방법

(1) 공부한 내용을 떠올리며 개념 테스트하기

(2) 개념 테스트가 끝난 후, 교재에 나온 개념을 다시 읽어 보면서 부족한 부분을 채우고 개념 테스트 완성하기

→ 개념 테스트는 정해진 답이 없으므로 교재에 나와 있는 개념을 보며 스스로 정리합니다.

(3) 완성한 내용을 주변의 다른 사람에게 설명하기

→ 자신이 해당 개념을 제대로 이해한 것인지, 원리를 모른 채 암기한 것인지 판단할 수 있습니다. 또한, 말로 표현하는 것은 스스로 개념을 다시 정리하는 데에 효과적입니다.

목차

I

수와 연산

01 자연수의 혼합 계산

개념 다지기

1 덧셈과 뺄셈이 섞여 있는 식 계산하기

앞에서부터 차례로 계산합니다. ( )가 있는 식에서는 ( ) 안을 먼저 계산합니다.

예 $35-24+8=11+8=19$　　　　　$35-(24+8)=35-32=3$

위의 예와 같이 괄호가 섞여 있는 계산식은 괄호를 먼저 계산한 것과 그렇지 않은 것의 계산 결과가 다릅니다. 따라서 괄호가 있는 식은 괄호를 먼저 계산하기로 약속한 것입니다.

2 곱셈과 나눗셈이 섞여 있는 식 계산하기

앞에서부터 차례로 계산합니다. ( )가 있는 식에서는 ( ) 안을 먼저 계산합니다.

예 $30\div3\times2=10\times2=20$　　　　　$30\div(3\times2)=30\div6=5$

3 덧셈, 뺄셈, 곱셈, 나눗셈이 섞여 있는 식 계산하기

곱셈과 나눗셈을 먼저 계산합니다. ( )가 있는 식에서는 ( ) 안을 먼저 계산합니다.

예 $60-40\div5+3\times6=60-8+3\times6$
$$=60-8+18$$
$$=52+18$$
$$=70$$

$60-40\div(5+3)\times6=60-40\div8\times6$
$$=60-5\times6$$
$$=60-30$$
$$=30$$

참고 혼합 계산 순서 정리

1) 괄호가 있는 식은 괄호를 먼저 계산
- 괄호는 소괄호 ( ), 중괄호 { }, 대괄호 [ ] 순으로 계산합니다.
- 괄호 안의 식에 덧셈, 뺄셈, 곱셈, 나눗셈이 섞여 있으면, 곱셈과 나눗셈을 먼저 계산합니다.

2) 괄호를 계산한 뒤, 곱셈과 나눗셈을 계산

3) 덧셈과 뺄셈을 계산

1 계산 순서에 맞게 기호를 차례대로 쓰시오.

$$32-(6+8)\times4\div7+17$$
$$\uparrow \quad \uparrow \quad \uparrow \quad \uparrow \quad \uparrow$$
$$ㄱ \quad ㄴ \quad ㄷ \quad ㄹ \quad ㅁ$$

2 다음을 계산하시오.

(1) $(72-34)\div19\times\{30-(8+4)-3\}$

(2) $76-34\div2-\{5\times4\div2-(8+4)\div3\}\times3$

(3) $25+[4\times(2+3)-\{12+(8-4)\div2\}]\times3$

❶ 나눗셈에 대한 정확한 이해

나눗셈은 다음과 같이 두 가지 방법으로 해석할 수 있습니다.

	등분제 나눗셈	포함제 나눗셈
의미	정해진 수의 묶음에 똑같이 나누어 줄 때, 한 묶음에 들어가는 크기 구하기 → 똑같이 나누기 (분수의 개념으로 연결)	주어진 대상이 나누는 수를 몇 번 포함하는지 구하기 → 똑같이 묶어 덜어 내기
예	$10 \div 2 = 5$	
	오렌지 10개를 2개의 접시에 똑같이 나누어 담으면 5개씩 담긴다.	오렌지 10개를 2개씩 묶으면 5번 덜어 낼 수 있다. (10은 2를 5번 포함한다.)

예제 1-1 다음은 나눗셈의 예이다. 나눗셈을 구별하여 괄호에 등분제는 '등', 포함제는 '포'를 쓰시오.

(1) 바둑돌 12개를 3개의 통에 똑같이 나누어 담습니다. 몇 개씩 담을 수 있나요? (　　)

(2) 사과 24개를 6개씩 나누어 주면 몇 명에게 줄 수 있나요? (　　)

(3) 사과 6개를 2명에게 똑같이 나누어 줍니다. 각각 몇 개씩 먹게 되나요? (　　)

(4) 과자 12개를 3개씩 담으려면 접시가 몇 개 필요한가요? (　　)

예제 1-2 $12 \div 4 = 3$을 등분제 나눗셈과 포함제 나눗셈 형태로 실생활 문제로 바꿔서 설명하시오.

(1) 등분제 나눗셈 :

(2) 포함제 나눗셈 :

❷ 곱셈과 나눗셈의 관계

다음 그림의 상황을 각각 나눗셈식과 곱셈식으로 나타내 보면 다음과 같습니다.

나눗셈		곱셈
① 포함제 해석 : $10 \div 2 = 5$ 10에는 2가 5번 포함되어 있다. ② 등분제 해석 : $10 \div 5 = 2$ 10을 5등분하면 2개씩 들어간다.	⇔	① $2 \times 5 = 10$ 2를 5번 더하면 10이다. ② $5 \times 2 = 10$ 5개의 묶음에 2씩 넣으면 10이다.

곱셈식으로 2개의 나눗셈식을, 나눗셈식으로 2개의 곱셈식을 만들 수 있습니다.

$$2 \times 5 = 10 \quad \begin{array}{l} 10 \div 2 = 5 \\ 10 \div 5 = 2 \end{array} \qquad 10 \div 2 = 5 \quad \begin{array}{l} 2 \times 5 = 10 \\ 5 \times 2 = 10 \end{array}$$

예제 **2-1** 다음 그림의 상황에 알맞은 곱셈식과 나눗셈식을 쓰시오.

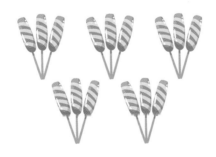

(1) 곱셈식 :

(2) 나눗셈식 :

개념 넓히기

③ 0이 포함된 수의 나눗셈

1 $0 \div 5 = 0$이므로, $\dfrac{0}{5} = 0$이다.

이유 $0 \div 5$의 값을 □라 하면, 곱셈과 나눗셈의 관계에서

$0 \div 5 = □ \Rightarrow 5 \times □ = 0$ ←□에 알맞은 수는 0입니다.

따라서 $□ = 0$이므로, $0 \div 5 = 0$입니다. 또한, $0 \div 5 = \dfrac{0}{5}$이므로, $\dfrac{0}{5} = 0$입니다.

└→ 이 부분은 분수의 나눗셈(p.28)을 참고하세요.

이를 일반화하면

$$\dfrac{0}{\triangle} = 0 \ (단, \ \triangle 는 \ 0이 \ 아닌 \ 수)$$

2 $5 \div 0$의 값은 구할 수 없다. (존재하지 않는다) $\Rightarrow \dfrac{5}{0}$는 존재하는 수가 아니다.

이유 $5 \div 0$의 값을 □라 하면, 곱셈과 나눗셈의 관계에서

$5 \div 0 = □ \Rightarrow 0 \times □ = 5$ ←□에 어떤 수를 넣어도 $0 \times □ = 0$이므로 성립하지 않습니다.

따라서 □에 알맞은 수는 구할 수 없습니다. (존재하지 않습니다.)

또한, $5 \div 0 = \dfrac{5}{0}$이므로 $\dfrac{5}{0}$ 역시 존재하지 않습니다. 이를 일반화하면

$$\dfrac{\triangle}{0} 는 \ 존재하지 \ 않는다. \ (단, \ \triangle 는 \ 0이 \ 아닌 \ 수)$$

3 $0 \div 0$의 값은 하나로 정할 수 없다. $\Rightarrow \dfrac{0}{0}$은 정의할 수 없다.

이유 $0 \div 0$의 값을 □라 하면, 곱셈과 나눗셈의 관계에서

$0 \div 0 = □ \Rightarrow 0 \times □ = 0$ ←□에 어떤 수를 넣어도 항상 성립합니다.

따라서 □는 모든 수가 다 될 수 있습니다. 하지만, $0 \div 0 = 1$, $0 \div 0 = 2$, …와 같이

모든 수로 정하면, $0 \div 0 = 1$이고, $0 \div 0 = 2$이므로 $1 = 2$라는 결론에 도달하게 됩니다.

$1 = 2$는 성립하지 않으므로, $0 \div 0$의 값은 1이라 할 수도 없고, 2라고 할 수도 없습니다.

따라서 $0 \div 0$의 값은 하나로 정할 수 없습니다.

또한, $0 \div 0 = \dfrac{0}{0}$이므로 $\dfrac{0}{0}$도 하나로 정할 수 없습니다. 이를 일반화하면

$$\dfrac{0}{0} 의 \ 값은 \ 정의할 \ 수 \ 없다.$$

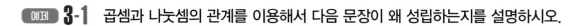

예제 **3-1** 곱셈과 나눗셈의 관계를 이용해서 다음 문장이 왜 성립하는지를 설명하시오.

(1) $\dfrac{0}{3}$의 값은 0이다.

(2) $\dfrac{3}{0}$의 값은 존재하지 않는다.

(3) $\dfrac{0}{0}$은 정할 수 없다. (정의할 수 없다.)

02 분수의 사칙 연산

개념 다지기

1 크기가 같은 분수 만들기 : $\dfrac{\triangle}{\bigcirc}=\dfrac{\triangle\times\square}{\bigcirc\times\square}=\dfrac{\triangle\div\square}{\bigcirc\div\square}$

분모와 분자에 0이 아닌 같은 수를 곱하거나 나누어도 처음과 같은 분수가 됩니다.

아래의 예를 통하여 원리를 이해하도록 합시다.

예1 $\dfrac{2}{3}=\dfrac{2\times2}{3\times2}=\dfrac{2\times3}{3\times3}=\cdots$ (통분의 원리)

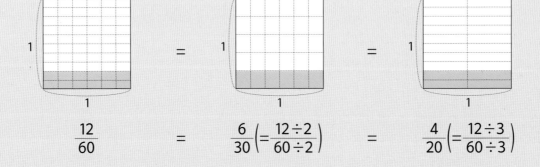

$$\dfrac{2}{3} \quad = \quad \dfrac{4}{6}\left(=\dfrac{2\times2}{3\times2}\right) \quad = \quad \dfrac{6}{9}\left(=\dfrac{2\times3}{3\times3}\right)$$

예2 $\dfrac{12}{60}=\dfrac{12\div2}{60\div2}=\dfrac{12\div3}{60\div3}=\cdots$ (약분의 원리)

$$\dfrac{12}{60} \quad = \quad \dfrac{6}{30}\left(=\dfrac{12\div2}{60\div2}\right) \quad = \quad \dfrac{4}{20}\left(=\dfrac{12\div3}{60\div3}\right)$$

2 기약분수 만들기 : $\dfrac{\blacktriangle}{\bullet}=\dfrac{\blacktriangle\div\bigstar}{\bullet\div\bigstar}$

기약분수란 분모와 분자의 공약수가 1뿐인 분수를 뜻합니다. 어떤 분수를 기약분수로 만들려면 분모와 분자를 더 이상 같은 수로 나눌 수 없을 때까지 약분하여 나타냅니다.

예 $\dfrac{24}{60}=\dfrac{24\div12}{60\div12}=\dfrac{2}{5}$ $\qquad \dfrac{\overset{12}{\overset{6}{\cancel{24}}}}{\underset{30}{\underset{15}{\cancel{60}}}}=\dfrac{\overset{6}{\cancel{12}}}{\underset{15}{\cancel{30}}}=\dfrac{\overset{2}{\cancel{6}}}{\underset{5}{\cancel{15}}}=\dfrac{2}{5}$

1 그림과 크기가 같은 분수를 모두 고르시오.

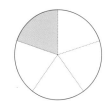

$$\frac{2}{8}, \frac{2}{10}, \frac{3}{15}, \frac{10}{25}, \frac{12}{60}$$

2 $\frac{3}{7}$ 과 크기가 같은 분수 중에서 분모와 분자의 합이 35보다 크고 55보다 작은 분수를 모두 구하시오.

3 세 분수 $\frac{1}{2}, \frac{2}{3}, \frac{5}{8}$ 의 크기를 비교하여 큰 수부터 차례로 쓰시오.

4 $\frac{24}{64}$ 를 약분하려고 합니다. 다음 중 분자와 분모를 모두 나눌 수 있는 수를 모두 고르시오.

$$2, 3, 4, 6, 8, 12$$

5 다음 중 기약분수를 모두 고르시오.

$$\frac{12}{65}, \frac{17}{70}, \frac{13}{65}, \frac{27}{69}, \frac{42}{123}$$

I. 수와 연산

3 분수의 덧셈과 뺄셈

통분하여 계산합니다.

계산 결과가 약분이 되는 경우, 약분하여 기약분수로 나타냅니다.

아래의 예를 통하여 원리를 이해하도록 합시다.

예 $\dfrac{3}{5}+\dfrac{2}{3}=\dfrac{3\times3}{5\times3}+\dfrac{2\times5}{3\times5}=\dfrac{9}{15}+\dfrac{10}{15}=\dfrac{19}{15}$

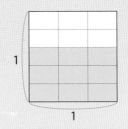 $+$ 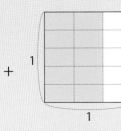 $=$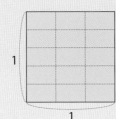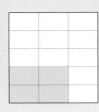

$\dfrac{3}{5}\left(=\dfrac{9}{15}\right)$ $+$ $\dfrac{2}{3}\left(=\dfrac{10}{15}\right)$ $=$ $\dfrac{19}{15}$

(1) 통분 방법

| 방법1 | 분모의 최소공배수를 공통분모로 통분

예 $\dfrac{5}{6}+\dfrac{3}{4}=\dfrac{5\times2}{6\times2}+\dfrac{3\times3}{4\times3}$
$=\dfrac{10}{12}+\dfrac{9}{12}=\dfrac{19}{12}$

$\dfrac{5}{6}-\dfrac{3}{4}=\dfrac{5\times2}{6\times2}-\dfrac{3\times3}{4\times3}$
$=\dfrac{10}{12}-\dfrac{9}{12}=\dfrac{1}{12}$

| 방법2 | 분모의 곱을 공통분모로 통분

예 $\dfrac{5}{6}\times\dfrac{3}{4}=\dfrac{(5\times4)+(3\times6)}{6\times4}=\dfrac{38}{24}=\dfrac{19}{12}$

$\dfrac{5}{6}\times\dfrac{3}{4}=\dfrac{(5\times4)-(3\times6)}{6\times4}=\dfrac{2}{24}=\dfrac{1}{12}$

(2) 대분수는 가분수로 고친 후 통분하여 계산합니다.

예 $2\dfrac{2}{3}-\dfrac{5}{4}=\dfrac{8}{3}-\dfrac{5}{4}=\dfrac{8\times4-5\times3}{3\times4}=\dfrac{17}{12}$

(3) 세 개 이상의 분수의 덧셈과 뺄셈

| 방법1 | 차례로 계산

예 $\dfrac{1}{2}-\dfrac{1}{3}+\dfrac{3}{4}=\left(\dfrac{3}{6}-\dfrac{2}{6}\right)+\dfrac{3}{4}$
$=\dfrac{1}{6}+\dfrac{3}{4}$
$=\dfrac{2}{12}+\dfrac{9}{12}=\dfrac{11}{12}$

| 방법2 | 모두 통분하여 계산

예 $\dfrac{1}{2}-\dfrac{1}{3}+\dfrac{3}{4}=\dfrac{6}{12}-\dfrac{4}{12}+\dfrac{9}{12}$
$=\dfrac{11}{12}$

6 다음을 계산하시오.

(1) $\dfrac{2}{5} + \dfrac{1}{6} + \dfrac{3}{4}$　　　　　(2) $\dfrac{2}{3} + \dfrac{7}{6} - \dfrac{3}{4}$

(3) $2\dfrac{3}{4} - \dfrac{7}{3} + \dfrac{5}{6}$　　　　　(4) $\dfrac{1}{4} + \dfrac{5}{3} - 1\dfrac{1}{12}$

7 집에서 학교까지의 거리는 집에서 공원까지의 거리보다 몇 km 더 가까운지 구하시오.

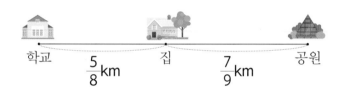

학교　$\dfrac{5}{8}$km　집　$\dfrac{7}{9}$km　공원

8 폭은 같고 길이가 각각 $\dfrac{25}{12}$ m, $\dfrac{17}{8}$ m인 두 종이를 $\dfrac{2}{5}$ m만큼 겹치게 이어 붙였습니다. 이어 붙인 종이의 전체 길이는 몇 m인지 구하시오.

I. 수와 연산

4 분수의 곱셈

(1) (자연수)×(진분수) 또는 (진분수)×(자연수) : $\blacktriangle \times \dfrac{\bigstar}{\bullet} = \dfrac{\bigstar}{\bullet} \times \blacktriangle = \dfrac{\bigstar \times \blacktriangle}{\bullet}$

⇒ 자연수를 분자에 곱해서 계산합니다.

아래의 예를 통하여 원리를 이해하도록 합시다.

예1 $4 \times \dfrac{1}{3} = \dfrac{4}{3} = \dfrac{1}{3} + \dfrac{1}{3} + \dfrac{1}{3} + \dfrac{1}{3} = \dfrac{1}{3} \times 4 \Rightarrow 4 \times \dfrac{1}{3} = \dfrac{1}{3} \times 4 = \dfrac{4}{3}$

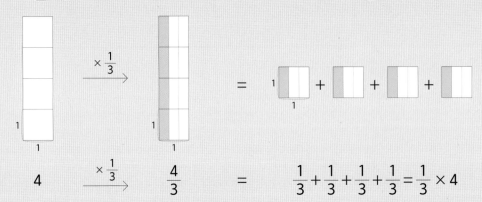

예2 $\dfrac{2}{5} \times 3 = \dfrac{2}{5} + \dfrac{2}{5} + \dfrac{2}{5} = \dfrac{6}{5} = \dfrac{3 \times 2}{5}$

(2) (대분수)×(자연수) 또는 (자연수)×(대분수)

⇒ 대분수를 가분수로 고친 후, 자연수를 분자에 곱해서 계산합니다.

예 $1\dfrac{3}{5} \times 2 = \dfrac{8}{5} \times 2 = \dfrac{8}{5} + \dfrac{8}{5} = \dfrac{16}{5} = \dfrac{8 \times 2}{5}$ ⇐ $\dfrac{8}{5}$ 이 2번 더해짐

$2 \times 1\dfrac{3}{5} = 2 \times \dfrac{8}{5} = \dfrac{8}{5} + \dfrac{8}{5} = \dfrac{16}{5} = \dfrac{8 \times 2}{5}$

위 (1), (2)의 과정에서 분모와 자연수가 약분이 되면, 약분하여 계산하는 것이 편리합니다.

예1 $\dfrac{5}{6} \times 8 = \dfrac{5 \times \overset{4}{8}}{\underset{3}{6}} = \dfrac{20}{3} \iff \dfrac{5}{\underset{3}{6}} \times \overset{4}{8} = \dfrac{5 \times 4}{3} = \dfrac{20}{3}$ ← 약분을 먼저 한 뒤, 곱셈을 하는 것이 편리합니다.

예2 $1\dfrac{2}{9} \times 3 = \dfrac{11}{\underset{3}{9}} \times \overset{1}{3} = \dfrac{11 \times 1}{3} = \dfrac{11}{3}$

참고 중등 과정부터는 계산의 결과가 가분수이면 가분수 자체를 답으로 인정합니다.

따라서 계산 결과가 가분수로 나온다고 해도, 굳이 대분수로 바꾸지 않아도 됩니다.

9 다음을 계산하시오.

(참고 : 분수의 사칙 연산도 (괄호)→(곱셈, 나눗셈)→(덧셈, 뺄셈)의 순서로 계산합니다.)

(1) $12 \times \dfrac{7}{18}$

(2) $\dfrac{3}{4} \times 6$

(3) $\dfrac{7}{18} \times 12 + 6 \times \dfrac{3}{4}$

(4) $10 \times 1\dfrac{5}{6} - 1\dfrac{3}{4} \times 8$

(5) $4 \times \dfrac{5}{8} - 2 \times \dfrac{12}{16} + 2\dfrac{2}{9} \times 3$

(6) $20 \times \dfrac{11}{12} - \left\{ \left(2 - \dfrac{8}{9}\right) \times 3 - 1\dfrac{3}{4} \right\} \times 8$

10 1분에 $1\dfrac{2}{5}$ km만큼 앞으로 가는 자동차가 있습니다. 이 자동차가 10분 동안 앞으로 움직인다면 움직인 거리는 몇 km인지 구하시오.

11 철이네 학교의 전체 학생 수는 360명입니다. 전체 학생의 $\dfrac{1}{6}$이 6학년이고, 6학년 학생의 $\dfrac{2}{5}$가 여학생입니다. 6학년 여학생 수는 몇 명입니까?

(3) (진분수)×(진분수) : $\dfrac{\bigstar}{\bullet} \times \dfrac{\blacktriangle}{\blacksquare} = \dfrac{\bigstar \times \blacktriangle}{\bullet \times \blacksquare}$

⇒ 분모는 분모끼리, 분자는 분자끼리 곱해서 계산합니다.

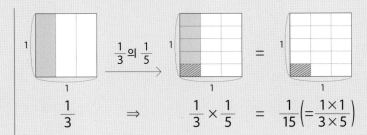

예1 $\dfrac{1}{3} \times \dfrac{1}{5} = \dfrac{1 \times 1}{3 \times 5}$
$= \dfrac{1}{15}$

$\dfrac{1}{3} \times \dfrac{1}{5}$의 $\Rightarrow$ $\dfrac{1}{3} \times \dfrac{1}{5} = \dfrac{1}{15}\left(=\dfrac{1 \times 1}{3 \times 5}\right)$

예2 $\dfrac{2}{3} \times \dfrac{1}{5} = \dfrac{2 \times 1}{3 \times 5}$
$= \dfrac{2}{15}$

$\dfrac{2}{3} \times \dfrac{1}{5}$의 $\Rightarrow$ $\dfrac{2}{3} \times \dfrac{1}{5} = \dfrac{2}{15}\left(=\dfrac{2 \times 1}{3 \times 5}\right)$

예3 $\dfrac{2}{3} \times \dfrac{4}{5} = \dfrac{2 \times 4}{3 \times 5}$
$= \dfrac{8}{15}$

$\dfrac{2}{3} \times \dfrac{4}{5}$의 $\Rightarrow$ $\dfrac{2}{3} \times \dfrac{4}{5} = \dfrac{8}{15}\left(=\dfrac{2 \times 4}{3 \times 5}\right)$

(4) (진분수)×(가분수) 또는 (가분수)×(진분수) : $\dfrac{\bigstar}{\bullet} \times \dfrac{\blacktriangle}{\blacksquare} = \dfrac{\bigstar \times \blacktriangle}{\bullet \times \blacksquare}$

⇒ 분모는 분모끼리, 분자는 분자끼리 곱해서 계산합니다.

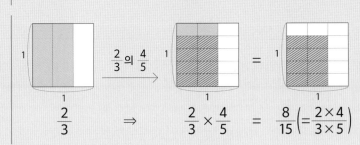

예 $\dfrac{2}{3} \times \dfrac{7}{5} = \dfrac{2}{3} \times \dfrac{1}{5} \times 7$
$= \dfrac{2}{15} \times 7$
$= \dfrac{14}{15} = \dfrac{2 \times 7}{3 \times 5}$

$\dfrac{2}{3} \times \dfrac{1}{5}$이 7개 $\Rightarrow$ $\dfrac{2}{3} \times \dfrac{1}{5} \times 7 = \dfrac{14}{15}\left(=\dfrac{2 \times 7}{3 \times 5}\right)$

위 (3), (4)의 과정에서 분모와 분자가 약분이 되면 약분하여 계산합니다.

예 $\dfrac{5}{\underset{4}{8}} \times \dfrac{\overset{1}{2}}{3} = \dfrac{5 \times 1}{4 \times 3} = \dfrac{5}{12}$ ⇔ $\dfrac{5}{8} \times \dfrac{2}{3} = \dfrac{5 \times \overset{1}{2}}{\underset{4}{8} \times 3} = \dfrac{5}{12}$ ⇔ $\dfrac{5}{8} \times \dfrac{2}{3} = \dfrac{5 \times 2}{8 \times 3} = \dfrac{\overset{5}{10}}{\underset{12}{24}} = \dfrac{5}{12}$

12 다음을 계산하시오.

(1) $\dfrac{1}{4} \times \dfrac{2}{3}$

(2) $\dfrac{9}{14} \times \dfrac{35}{12}$

(3) $\dfrac{9}{14} \times \dfrac{35}{12} - \dfrac{1}{4} \times \dfrac{2}{3}$

(4) $\dfrac{3}{8} \times \dfrac{8}{3} + \dfrac{8}{3} \times \dfrac{3}{8}$

(5) $\left(\dfrac{11}{6} + \dfrac{5}{4} \right) \times \dfrac{18}{37} - \dfrac{5}{6} \times \dfrac{8}{15}$

(6) $\dfrac{8}{5} + \dfrac{21}{10} \times \dfrac{15}{7} - \left(\dfrac{2}{5} + \dfrac{9}{2} \right) \times \dfrac{2}{7}$

13 다음을 계산한 뒤, 이를 통하여 알 수 있는 것으로 옳은 것을 보기에서 고르시오.

(1) $\dfrac{6}{5} \times \dfrac{3}{4}$

(2) $\dfrac{3}{4} \times \dfrac{6}{5}$

> **보기**
> ㉠ 두 분수의 곱셈은 두 분수의 위치를 바꾸어 계산해도 같은 결과가 나온다.
> ㉡ 분자와 분모에 같은 수가 곱해진 경우, 분자와 분모를 약분하여 계산할 수 있다.
> ㉢ 어떤 수에 진분수를 곱한 값은 처음의 수보다 크다.
> ㉣ 어떤 수에 가분수를 곱한 값은 처음의 수보다 작다.

14 경수는 어제까지 소설책 한 권의 $\dfrac{1}{4}$ 을 읽었습니다. 그리고 오늘은 어제까지 읽고 난 나머지 의 $\dfrac{2}{5}$ 를 읽었습니다. 오늘 읽은 양은 소설책 전체의 몇 분의 몇입니까?

(5) (가분수)×(가분수) 또는 (가분수)×(대분수) 또는 (대분수)×(가분수)

$$: \frac{\bigstar}{\bullet} \times \frac{\blacktriangle}{\blacksquare} = \frac{\bigstar \times \blacktriangle}{\bullet \times \blacksquare}$$

⇒ 분모는 분모끼리, 분자는 분자끼리 곱해서 계산합니다.

대분수가 섞여 있는 분수의 곱셈은 대분수를 가분수로 바꾼 뒤 계산합니다.

예1 $\dfrac{6}{5} \times \dfrac{7}{3} = 6 \times \dfrac{1}{5} \times \dfrac{7}{3} = 6 \times \dfrac{1 \times 7}{5 \times 3} = \dfrac{6 \times 1 \times 7}{5 \times 3} = \dfrac{6 \times 7}{5 \times 3}$

예2 $\dfrac{6}{5} \times 2\dfrac{1}{3} = \dfrac{6}{5} \times \dfrac{7}{3} = \dfrac{6 \times 7}{5 \times 3}$

$2\dfrac{1}{3} \times \dfrac{6}{5} = \dfrac{7}{3} \times \dfrac{6}{5} = \dfrac{7 \times 6}{3 \times 5}$

(6) 3개 이상 분수의 곱셈

$$: \frac{\bigstar}{\bullet} \times \frac{\blacktriangle}{\blacksquare} \times \frac{\heartsuit}{\blacklozenge} = \frac{\bigstar \times \blacktriangle \times \heartsuit}{\bullet \times \blacksquare \times \blacklozenge}$$

⇒ 분모는 분모끼리, 분자는 분자끼리 곱해서 계산합니다.

예 $\dfrac{3}{2} \times 1\dfrac{2}{5} \times \dfrac{3}{4} = \dfrac{3}{2} \times \dfrac{7}{5} \times \dfrac{3}{4} = \dfrac{3 \times 7}{2 \times 5} \times \dfrac{3}{4} = \dfrac{3 \times 7 \times 3}{2 \times 5 \times 4}$

위 (5), (6)의 과정에서 분모와 분자가 약분이 되면, 약분하여 계산합니다.

예 $\dfrac{5}{8} \times \dfrac{2}{3} \times \dfrac{1}{2} = \dfrac{5 \times \overset{1}{2} \times 1}{\underset{4}{8} \times 3 \times 2} = \dfrac{5}{24}$ ⇔ $\dfrac{5}{\underset{4}{8}} \times \dfrac{\overset{1}{2}}{3} \times \dfrac{1}{2} = \dfrac{5}{24}$

$\dfrac{5}{8} \times \dfrac{2}{3} \times \dfrac{1}{2} = \dfrac{5 \times \overset{1}{2} \times 1}{8 \times 3 \times \underset{1}{2}} = \dfrac{5}{24}$ ⇔ $\dfrac{5}{8} \times \dfrac{\overset{1}{2}}{3} \times \dfrac{1}{\underset{1}{2}} = \dfrac{5}{24}$

참고

(분수)×(자연수), (자연수)×(분수)의 계산은 자연수를 $\dfrac{(자연수)}{1}$로 바꾸어 분수의 곱셈으로 계산할 수 있습니다.

예 $3 \times \dfrac{1}{5} = \dfrac{3}{1} \times \dfrac{1}{5} = \dfrac{3 \times 1}{1 \times 5} = \dfrac{3}{5}$, $\quad \dfrac{2}{5} \times 3 = \dfrac{2}{5} \times \dfrac{3}{1} = \dfrac{2 \times 3}{5 \times 1} = \dfrac{6}{5}$

따라서 분수와 자연수가 섞여 있는 곱셈은 분수의 곱셈으로 바꾸어 생각해도 됩니다.

15 다음을 계산하시오.

(1) $\dfrac{21}{12} \times \dfrac{15}{14}$

(2) $2\dfrac{4}{9} \times \dfrac{12}{11}$

(3) $1\dfrac{2}{3} \times 2\dfrac{3}{10}$

(4) $\dfrac{7}{11} \times \dfrac{8}{5} \times 1\dfrac{5}{6}$

(5) $\dfrac{21}{10} \times \dfrac{3}{22} \times 1\dfrac{4}{7} + 2\dfrac{2}{5} \times \dfrac{15}{8} \times 1\dfrac{5}{9}$

16 $\dfrac{6}{5} \times \dfrac{3}{4} \times \dfrac{8}{9}$ 를 다음과 같이 계산한 뒤, 이를 통하여 알 수 있는 것으로 옳은 것을 〈보기〉에서 고르시오.

(1) $\left(\dfrac{6}{5} \times \dfrac{3}{4}\right) \times \dfrac{8}{9}$

(2) $\dfrac{6}{5} \times \left(\dfrac{3}{4} \times \dfrac{8}{9}\right)$

보기

ㄱ 세 분수의 곱셈은 곱셈의 순서를 바꾸어 계산해도 같은 결과가 나온다.

ㄴ 분수의 곱셈에서는 분자와 분모를 약분하여 계산할 수 있다.

ㄷ 숫자의 위치를 바꾸어 $\dfrac{8}{9} \times \dfrac{3}{4} \times \dfrac{6}{5}$ 로 계산해도 결과는 같다.

17 길이가 10m인 끈을 영수와 경수가 나누어 쓰려고 합니다. 영수가 처음 끈의 $\dfrac{3}{7}$ 을 쓰고, 경수는 남은 끈에서 영수가 쓴 끈의 길이의 $\dfrac{5}{6}$ 만큼을 썼습니다. 사용한 끈의 길이는 몇 m입니까?

I. 수와 연산

5 분수의 나눗셈

(1) (자연수) ÷ (자연수)

자연수끼리의 나눗셈은 곱셈으로 바꾸어 계산할 수 있습니다.

아래의 예를 통하여 원리를 이해하도록 합시다.

예1 $1 \div 3 = \dfrac{1}{3}$ (등분제 나눗셈으로 생각합니다.)

$$1 \qquad \div 3 = \dfrac{1}{3}$$

⇒ 1을 3등분하면 $\dfrac{1}{3}$입니다.

$1 \div 3$은 1의 $\dfrac{1}{3}$ 즉, $1 \times \dfrac{1}{3}$과 같습니다.

예2 $2 \div 3 = \dfrac{2}{3}$

$$2 \qquad \div 3 = \dfrac{2}{3}$$

⇒ $\dfrac{1}{3}$이 2개이므로 $\dfrac{2}{3}$입니다.

$2 \times \dfrac{1}{3}$과 같습니다.

예3 $5 \div 2 = \dfrac{5}{2}$

$$5 \div 2 = \dfrac{5}{2} = 5 \times \dfrac{1}{2}$$

위의 예에서 알 수 있듯이

'÷(자연수)'는 '$\times \dfrac{1}{(자연수)}$'로 바꾸어 계산할 수 있습니다.

즉, $\triangle \div \bigcirc = \triangle \times \dfrac{1}{\bigcirc} = \dfrac{\triangle}{\bigcirc}$

개념 확인

18 3÷8의 몫을 아래 그림에 색칠하여 나타내고, ㉠, ㉡, ㉢, ㉣에 알맞은 수를 써넣으시오.

3을 8로 나눈 몫은 왼쪽 그림과 같이
1을 8로 나눈 몫이 ㉠개 있는 것과 같습니다.

그러므로 ㉡ $\times \dfrac{1}{8}$ 과 같습니다.

따라서 $3 \div 8 = \dfrac{㉢}{㉣}$

19 다음을 계산하시오.

(1) $1 \div 5 + 3 \div 2$

(2) $0 \div 3 + 11 \div 6 - 6 \div 4$

(3) $(7 \div 12) \times 8$

(4) $(3 \div 7) \times (14 \div 5)$

(5) $(2 \div 3) \times (6 \div 8) - 12 \div 36$

(6) $\left(\dfrac{7}{3} \times \dfrac{5}{4} + \dfrac{1}{12} \right) \div 6 + (7 \div 3) \times \dfrac{1}{2}$

20 한 병에 $\dfrac{2}{3}$ L씩 들어 있는 음료수가 6병 있습니다. 이 6병에 들어 있는 음료수 전부를 7개의 컵에 똑같이 나누어 담을 때 한 컵에 들어가는 음료수는 몇 L인지 구하시오.

개념 다지기

(2) (분수) ÷ (자연수)

(분수) ÷ (자연수)도 곱셈으로 바꾸어 계산할 수 있습니다.

아래의 예를 통하여 원리를 이해하도록 합시다.

① 분자가 자연수의 배수인 (분수) ÷ (자연수)

예 $\dfrac{6}{7} \div 2 = \dfrac{6 \div 2}{7} = \dfrac{3}{7}$ (등분제 나눗셈으로 생각합니다.)

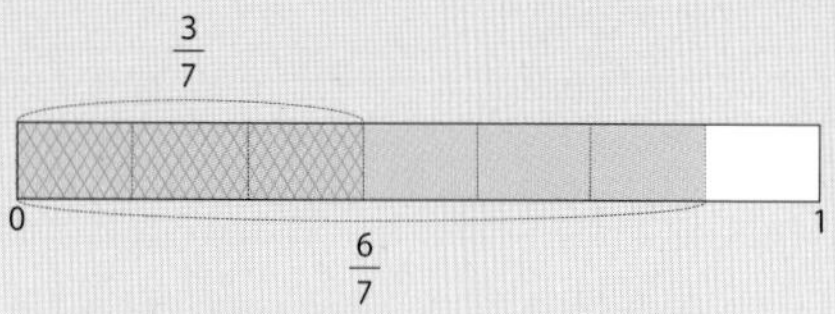

$\Rightarrow$ $\dfrac{6}{7}$ 을 2등분하면 $\dfrac{3}{7}$ 입니다.

위 그림에서와 같이 $\dfrac{6}{7} \div 2 = \dfrac{6}{7} \times \dfrac{1}{2}$ 과 같습니다.

> (분수) ÷ (자연수) 의 계산에서도
>
> '÷ (자연수)'는 '$\times \dfrac{1}{(\text{자연수})}$'로 바꾸어 계산할 수 있습니다.
>
> 즉, $\dfrac{\bigcirc}{\square} \div \triangle = \dfrac{\bigcirc}{\square} \times \dfrac{1}{\triangle} = \dfrac{\bigcirc}{\square \times \triangle}$

② 분자가 자연수의 배수가 아닌 (분수) ÷ (자연수)

예 $\dfrac{3}{5} \div 2$의 계산

|방법1| 크기가 같은 분수로 바꾸어 계산	|방법2| 곱셈으로 바꾸어 계산
$\dfrac{3}{5} \div 2 = \dfrac{6}{10} \div 2 = \dfrac{6 \div 2}{10} = \dfrac{3}{10}$	$\dfrac{3}{5} \div 2 = \dfrac{3}{5} \times \dfrac{1}{2} = \dfrac{3}{10}$
$\dfrac{3}{5} = \dfrac{3 \times 2}{5 \times 2} = \dfrac{6}{10}$ 분모와 분자에 같은 수를 곱해 크기가 같은 분수를 만듭니다.	$\dfrac{3}{5} \div 2$는 $\dfrac{3}{5}$을 똑같이 2로 나눈 것 중 하나이므로 $\dfrac{3}{5}$의 $\dfrac{1}{2}$입니다.

③ (대분수) ÷ (자연수) ⇒ 대분수를 가분수로 바꾸어 계산합니다.

예 $1\dfrac{4}{5} \div 3$의 계산

|방법1| $1\dfrac{4}{5} \div 3 = \dfrac{9}{5} \div 3 = \dfrac{9 \div 3}{5} = \dfrac{3}{5}$ |방법2| $1\dfrac{4}{5} \div 3 = \dfrac{9}{5} \div 3 = \dfrac{\overset{3}{\cancel{9}}}{5} \times \dfrac{1}{\underset{1}{\cancel{3}}} = \dfrac{3}{5}$

참고

일반적으로 나눗셈은 곱셈으로 바꾸어 계산하는 것이 편리합니다.

또한, 곱셈으로 바꾸었을 때 약분할 수 있는 경우는 약분하여 계산하는 것이 편리합니다.

개념 확인

21 $\dfrac{3}{5} \div 2$의 계산 원리를 아래 그림에 색칠하여 나타내고, ㉠, ㉡, ㉢에 알맞은 수를 써넣으시오.

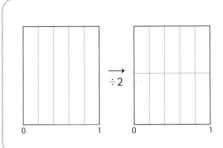

$\dfrac{3}{5}$을 2로 나눈 몫은 왼쪽 그림과 같이

$\dfrac{3}{5}$을 2등분한 것이므로 $\dfrac{3}{5}$의 $\dfrac{1}{2}$과 같습니다.

$\therefore \dfrac{3}{5} \div 2 = \dfrac{3}{5} \times \dfrac{1}{\boxed{㉠}} = \dfrac{\boxed{㉡}}{\boxed{㉢}}$

22 다음을 계산하시오.

(1) $\dfrac{3}{4} \div 5 + \dfrac{7}{10}$

(2) $\dfrac{3}{2} + \dfrac{10}{3} \div 5$

(3) $\left(\dfrac{3}{4} \div 6 \right) + \left(1\dfrac{3}{5} \div 16 \right)$

(4) $\left(1\dfrac{1}{6} \div 2 \right) - \left(2\dfrac{1}{4} \div 6 \right)$

(5) $\left(\dfrac{4}{5} \div 3 \right) \times \left(3\dfrac{1}{3} \div 4 \right)$

(6) $\left(\dfrac{6}{5} + \dfrac{5}{4} \right) \div 3 - \left(2\dfrac{1}{3} \times \dfrac{7}{4} \right) \div 5$

23 무게가 $8\dfrac{1}{3}$ kg인 수박과 $3\dfrac{3}{4}$ kg인 멜론을 5명에게 똑같이 모두 나누어 주려고 합니다. 한 사람이 가져가는 수박과 멜론의 무게의 합은 몇 kg인지 구하시오.

I. 수와 연산

(3) 분모가 같은 (분수) ÷ (분수)

① 분모가 같은 (분수) ÷ (단위 분수)
　　　　　　　└→ 분자가 1인 분수

예 $\dfrac{3}{5} \div \dfrac{1}{5} = 3$ (포함제 나눗셈으로 생각합니다.)

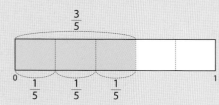

$\Rightarrow$ $\dfrac{3}{5}\left(=\dfrac{1}{5}+\dfrac{1}{5}+\dfrac{1}{5}\right)$은 $\dfrac{1}{5}$을 3번 포함하므로

$\dfrac{3}{5} \div \dfrac{1}{5} = 3$

② 분모가 같은 (분수) ÷ (분수)

예1 $\dfrac{8}{3} \div \dfrac{2}{3} = 8 \div 2 = 4$

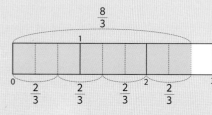

$\Rightarrow$ $\dfrac{8}{3}$은 $\dfrac{2}{3}$를 4번 포함하므로 $\dfrac{8}{3} \div \dfrac{2}{3} = 4$

단위 분수로 쪼개면, $\dfrac{8}{3}$은 $\dfrac{1}{3}$이 8개, $\dfrac{2}{3}$는 $\dfrac{1}{3}$이 2개이므로 $\dfrac{8}{3} \div \dfrac{2}{3} = 8 \div 2 = 4$

예2 $\dfrac{7}{9} \div \dfrac{2}{9} = 7 \div 2 = \dfrac{7}{2}$

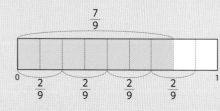

$\Rightarrow$ $\dfrac{7}{9}$은 $\dfrac{2}{9}$를 $\left(3 + \dfrac{1}{2}\right)$번 포함하므로 $\dfrac{7}{9} \div \dfrac{2}{9} = 3\dfrac{1}{2}$

단위 분수로 쪼개면, $\dfrac{7}{9}$은 $\dfrac{1}{9}$이 7개, $\dfrac{2}{9}$는 $\dfrac{1}{9}$이 2개이므로 $\dfrac{7}{9} \div \dfrac{2}{9} = 7 \div 2 = \dfrac{7}{2}\left(=3\dfrac{1}{2}\right)$

분모가 같은 (분수) ÷ (분수)의 계산은 분자끼리의 나눗셈으로 계산합니다.

$$\dfrac{\bullet}{\blacksquare} \div \dfrac{\blacktriangle}{\blacksquare} = \bullet \div \blacktriangle = \dfrac{\bullet}{\blacktriangle}$$

※ 곱셈으로 바꾸어 계산해도 됩니다. 바꾸는 방법은 다음 개념에서 다룹니다.

24 다음을 계산하시오.

(1) $\dfrac{4}{7} \div \dfrac{2}{7} + \dfrac{5}{8} \div \dfrac{3}{8}$

(2) $\dfrac{2}{3} \div \dfrac{1}{3} - \dfrac{5}{7} \div \dfrac{4}{7}$

(3) $\left(\dfrac{4}{3} + \dfrac{2}{7}\right) \div \dfrac{17}{21}$

(4) $\dfrac{3}{5} + \dfrac{12}{7} \div \dfrac{5}{7}$

(5) $\left(\dfrac{7}{2} - \dfrac{2}{3}\right) \div \dfrac{7}{6} - \dfrac{8}{5} \div \dfrac{7}{5}$

(6) $\left\{\left(\dfrac{9}{4} - \dfrac{5}{3}\right) \div \dfrac{5}{12}\right\} \div \dfrac{3}{5} - \dfrac{7}{8} \div \dfrac{5}{8}$

25 우유 $\dfrac{12}{17}$ L를 한 사람당 $\dfrac{3}{17}$ L씩 똑같이 나누어 마시려고 합니다. 몇 명이 나누어 마실 수 있는지 구하시오.

26 철이와 승재의 책가방의 무게를 쟀더니 각각 $\dfrac{42}{11}$ kg, $\dfrac{35}{11}$ kg이었습니다. 누구의 가방이 몇 배 더 무거운지 구하시오.

I. 수와 연산

(4) 분모가 다른 (분수)÷(분수)

한 예로 $\frac{4}{7}$ kg의 모래로 몇 개의 통을 채웠을 때, 한 통에 들어가는 모래의 무게를 구해 봅시다.

모래 $\frac{4}{7}$ kg으로 두 통을 채웠을 때, 한 통의 무게는 $\frac{4}{7} \div 2 \left(= \frac{2}{7}\right)$입니다.

같은 원리로 모래 $\frac{4}{7}$ kg으로 $\frac{3}{5}$ 통을 채웠을 때, 한 통을 채울 수 있는 모래의 무게는 $\frac{4}{7} \div \frac{3}{5}$ 의 값을 구하면 됩니다.

예 $\frac{4}{7} \div \frac{3}{5}$

|방법1| 통분하여 분자끼리 나눕니다.

$$\frac{4}{7} \div \frac{3}{5} = \frac{20}{35} \div \frac{21}{35} = 20 \div 21 = \frac{20}{21}$$

|방법2| 곱셈으로 바꾸어 계산합니다.

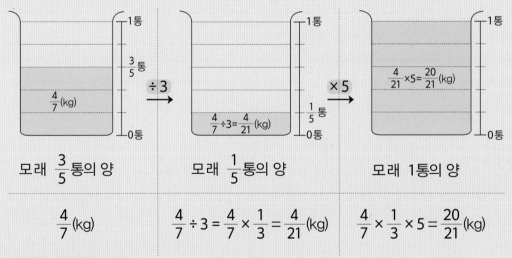

모래 $\frac{3}{5}$ 통의 양	모래 $\frac{1}{5}$ 통의 양	모래 1통의 양
$\frac{4}{7}$ (kg)	$\frac{4}{7} \div 3 = \frac{4}{7} \times \frac{1}{3} = \frac{4}{21}$ (kg)	$\frac{4}{7} \times \frac{1}{3} \times 5 = \frac{20}{21}$ (kg)

위의 계산 규칙을 정리하면

$$\frac{4}{7} \div \frac{3}{5} = \left(\frac{4}{7} \div 3\right) \times 5 = \left(\frac{4}{7 \times 3}\right) \times 5 = \frac{4 \times 5}{7 \times 3} = \frac{4}{7} \times \frac{5}{3}$$

$\div \frac{3}{5}$ 은 $\times \frac{5}{3}$ 로 바꾸어 계산

> 분모가 다른 (분수)÷(분수)의 계산은 곱셈으로 바꾸어 계산합니다.
>
> $\dfrac{\bullet}{\star} \div \dfrac{\blacktriangle}{\blacksquare} = \dfrac{\bullet}{\star} \times \dfrac{\blacksquare}{\blacktriangle}$ $\qquad \div \dfrac{\blacktriangle}{\blacksquare}$ 는 $\times \dfrac{\blacksquare}{\blacktriangle}$ 로 바꾸어 계산

27 $\dfrac{7}{15} \div \dfrac{14}{11}$ 를 다음 두 가지 방법으로 계산하고 어느 방법이 편리한지 비교하시오.

|방법1| 통분하여 계산	|방법2| 곱셈으로 바꾸어 계산

28 다음 중 나눗셈의 계산 방법이 잘못된 것은 어느 것입니까?

① $\dfrac{3}{5} \div \dfrac{7}{10} = 6 \div 7$

② $\dfrac{1}{10} \div \dfrac{1}{3} = \dfrac{1}{10} \times 3$

③ $\dfrac{17}{15} \div \dfrac{5}{3} = \dfrac{17}{15} \times \dfrac{3}{5}$

④ $\dfrac{8}{13} \div \dfrac{4}{7} = 56 \div 52$

⑤ $\dfrac{13}{10} \div \dfrac{7}{9} = \dfrac{10}{13} \times \dfrac{7}{9}$

29 (1), (2)는 $\dfrac{5}{4} \div \dfrac{15}{8} \times \dfrac{4}{5}$ 의 괄호를 서로 다르게 묶어 놓은 것이다. (1), (2)를 각각 계산한 뒤, 두 결과를 비교한 것으로 옳은 것을 보기에서 고르시오.

(1) $\left(\dfrac{5}{4} \div \dfrac{15}{8} \right) \times \dfrac{4}{5}$

(2) $\dfrac{5}{4} \div \left(\dfrac{15}{8} \times \dfrac{4}{5} \right)$

> 보기
>
> ㉠ $\dfrac{5}{4} \div \dfrac{15}{8} \times \dfrac{4}{5}$ 의 계산은 $\dfrac{5}{4} \div \left(\dfrac{15}{8} \times \dfrac{4}{5} \right)$ 으로 계산해도 같은 결과가 나온다.
>
> ㉡ $\dfrac{5}{4} \div \dfrac{15}{8} \times \dfrac{4}{5}$ 을 바르게 계산한 것은 (1)이다.
>
> ㉢ 숫자의 위치를 바꾸어 $\dfrac{5}{4} \div \dfrac{4}{5} \times \dfrac{15}{8}$ 로 계산해도 결과는 같다.

(5) (자연수) ÷ (분수)

(자연수) ÷ (분수)도 곱셈으로 바꾸어 계산할 수 있습니다.

통분하여 계산하는 과정을 거쳐 곱셈으로 바꾸어 계산합니다.

예 $3 \div \dfrac{2}{5} = \dfrac{15}{5} \div \dfrac{2}{5} = 15 \div 2 = \dfrac{15}{2} \left(= 3 \times \dfrac{5}{2} \right)$

$\quad\quad\quad$ └ $\div \dfrac{2}{5}$ 를 $\times \dfrac{5}{2}$ 로 바꾸어 계산한 것과 같습니다.

(6) 나눗셈은 곱셈으로 바꾸어 계산

① (분수) ÷ (분수), (자연수) ÷ (분수) 의 계산에서

$$\text{‘} \div \text{(분수)'는 ‘} \times \text{(분수의 역수)'}$$

$\quad$ └ 곱해서 1이 되는 수 = 분자와 분모를 바꾼 수

로 바꾸어 계산할 수 있습니다.

$$\dfrac{\bigcirc}{\stackrel{\bigstar}{}} \div \dfrac{\triangle}{\square} = \dfrac{\bigcirc}{\stackrel{\bigstar}{}} \times \dfrac{\square}{\triangle} \ , \ \bigcirc \div \dfrac{\triangle}{\square} = \bigcirc \times \dfrac{\square}{\triangle}$$

② (자연수) ÷ (자연수), (분수) ÷ (자연수)의 계산에서

$$\text{‘} \div \text{(자연수)'를 ‘} \times \dfrac{1}{\text{(자연수)}} \text{'}$$

로 바꾸어 계산하는 것도 역수의 곱셈으로 바꾸어 계산하는 것과 같습니다.

$$\bigcirc \div \triangle = \bigcirc \times \dfrac{1}{\triangle} \ , \ \dfrac{\bigcirc}{\stackrel{\bigstar}{}} \div \triangle = \dfrac{\bigcirc}{\stackrel{\bigstar}{}} \times \dfrac{1}{\triangle}$$

따라서 모든 나눗셈은 역수의 곱셈으로 바꾸어 계산할 수 있습니다.

(단, 나누는 수가 0인 경우는 계산할 수 없습니다.)

참고

어떤 수에 곱해서 1이 되게 하는 수를 그 수의 역수라고 합니다.

예1 $\dfrac{5}{7} \times \dfrac{7}{5} = 1$이므로 $\dfrac{5}{7}$ 의 역수는 $\dfrac{7}{5}$ 이고, $\dfrac{7}{5}$ 의 역수는 $\dfrac{5}{7}$ 입니다.

예2 $3 \times \dfrac{1}{3} = 1$이므로 3의 역수는 $\dfrac{1}{3}$ 이고, $\dfrac{1}{3}$ 의 역수는 3입니다.

위의 예에서 알 수 있듯이 역수는 분수꼴로 표현한 수의 분자와 분모를 바꾼 수라고 생각해도 좋습니다.

$\dfrac{\triangle}{\square}$ 의 역수는 $\dfrac{\square}{\triangle}$ 입니다. 또한, $\triangle = \dfrac{\triangle}{1}$ 이므로 $\triangle$ 의 역수는 $\dfrac{1}{\triangle}$ 입니다.

30 다음은 나눗셈을 곱셈식으로 고친 것입니다. 바르게 나타낸 것을 모두 고르시오.

① $\dfrac{3}{5} \div \dfrac{7}{10} = \dfrac{3}{5} \times \dfrac{7}{10}$

② $\dfrac{1}{10} \div 3 = \dfrac{1}{10} \times \dfrac{1}{3}$

③ $10 \div \dfrac{5}{3} = \dfrac{10}{1} \times \dfrac{3}{5}$

④ $\dfrac{8}{13} \div \dfrac{1}{4} = \dfrac{13}{8} \times \dfrac{1}{4}$

⑤ $\dfrac{13}{10} \div \dfrac{7}{9} = \dfrac{13}{7} \times \dfrac{10}{9}$

31 어떤 진분수 □를 다음과 같이 세 분수로 나누었습니다. ㉠, ㉡, ㉢ 중 몫이 가장 큰 것부터 차례로 기호를 쓰시오.

$$㉠ : \square \div \dfrac{1}{2} \qquad ㉡ : \square \div \dfrac{3}{5} \qquad ㉢ : \square \div \dfrac{5}{7}$$

32 다음을 계산하시오.

(1) $4 \times \left(\dfrac{4}{3} + \dfrac{2}{6} \right) \div \dfrac{5}{2}$

(2) $2\dfrac{2}{3} \div \dfrac{4}{7} \div \dfrac{4}{3} + 2 \times \dfrac{3}{4} \div \dfrac{9}{8}$

(3) $\dfrac{8}{27} + \left(1 - \dfrac{1}{3} \right) \div \left(\dfrac{5}{6} - \dfrac{3}{4} \div 9 \right)$

(4) $\dfrac{9}{4} \times \left\{ \dfrac{5}{8} - \left(\dfrac{7}{12} \div \dfrac{5}{6} - \dfrac{3}{10} \right) \right\} \div \dfrac{81}{16}$

33 철근 $1\dfrac{2}{5}$ m의 무게가 $2\dfrac{11}{12}$ kg일 때, 철근 1m의 무게를 구하시오.

1 진분수를 서로 다른 단위 분수의 합으로 나타내기

진분수의 분모와 분자에 같은 수를 곱하여 크기가 같은 분수로 만든 뒤, 분자를 분모의 약수들의 합으로 바꿉니다.

- $\dfrac{3}{4} = \dfrac{1+2}{4} = \dfrac{1}{4} + \dfrac{2}{4} = \dfrac{1}{4} + \dfrac{1}{2}$

- $\dfrac{3}{4} = \dfrac{9}{12} = \dfrac{1+2+6}{12} = \dfrac{1}{12} + \dfrac{2}{12} + \dfrac{6}{12} = \dfrac{1}{12} + \dfrac{1}{6} + \dfrac{1}{2}$

- $\dfrac{3}{4} = \dfrac{9}{12} = \dfrac{2+3+4}{12} = \dfrac{2}{12} + \dfrac{3}{12} + \dfrac{4}{12} = \dfrac{1}{6} + \dfrac{1}{4} + \dfrac{1}{3}$

- $\dfrac{3}{4} = \dfrac{18}{24} = \dfrac{1+2+3+12}{24} = \dfrac{1}{24} + \dfrac{2}{24} + \dfrac{3}{24} + \dfrac{12}{24} = \dfrac{1}{24} + \dfrac{1}{12} + \dfrac{1}{8} + \dfrac{1}{2}$

- $\dfrac{3}{4} = \dfrac{18}{24} = \dfrac{1+2+3+4+8}{24} = \dfrac{1}{24} + \dfrac{2}{24} + \dfrac{3}{24} + \dfrac{4}{24} + \dfrac{8}{24} = \dfrac{1}{24} + \dfrac{1}{12} + \dfrac{1}{8} + \dfrac{1}{6} + \dfrac{1}{3}$

예제 1-1 다음 □ 안에 알맞은 수를 작은 수부터 차례대로 써넣으시오.

$$\frac{9}{14} = \frac{1}{\square} + \frac{1}{\square}$$

예제 1-2 다음 식이 성립하도록 하는 ㉠, ㉡에 들어갈 알맞은 자연수를 구하시오. (단, ㉠<㉡)

(1) $\dfrac{2}{7} = \dfrac{1}{㉠} + \dfrac{1}{㉡}$

(2) $\dfrac{9}{10} = \dfrac{1}{2} + \dfrac{1}{㉠} + \dfrac{1}{㉡}$

예제 1-3 분수 $\dfrac{11}{16} = \dfrac{1}{㉮} + \dfrac{1}{㉯} + \dfrac{1}{㉰}$ 로 나타낼 수 있을 때, ㉮, ㉯, ㉰에 들어갈 알맞은 자연수를 구하시오. (단, ㉮<㉯<㉰)

❷ 연산의 역과정을 통한 □에 들어갈 수 구하기

1 연산의 역과정 생각하기

어떤 수들의 사칙 연산(+, −, ×, ÷)은 계산을 통하여 그 결과를 구할 수 있습니다.

반대로 계산 과정을 역으로 거슬러 올라가면 계산의 결과가 나오게 하는 어떤 수를 구할 수 있습니다.

① □+2=8 일 때, □=8−2 ← □에 2를 더한 결과가 8이 되려면, □에는 8보다 2만큼 작은 수가 들어가야 합니다.

② □−2=8 일 때, □=8+2 ← □에서 2를 뺀 결과가 8이 되려면, □에는 8보다 2만큼 큰 수가 들어가야 합니다.

③ □×2=8 일 때, □=8÷2 ← □에 2를 곱한 결과가 8이 되려면, □에는 8의 반(8을 2로 나눈 수)이 들어가야 합니다.

④ □÷2=8 일 때, □=8×2 ← □를 2로 나눈 결과가 8이 되려면, □에는 8의 2배인 수(8에 2를 곱한 수)가 들어가야 합니다.

연산의 역과정은 일반적으로 다음과 같이 나타낼 수 있습니다.

2 연산의 역과정

① □＋△=☆ 일 때, □=☆−△ , △=☆−□ ┐

② □−△=☆ 일 때, □=☆＋△ , △=□−☆ │
  ← □, △, ☆이 분수일 때도 성립합니다.
③ □×△=☆ 일 때, □=☆÷△ , △=☆÷□ │

④ □÷△=☆ 일 때, □=☆×△ , △=□÷☆ ┘

이를 이용하면 두 식을 같게 하는 알맞은 수를 구할 수 있습니다.

예1 $\square \times \dfrac{3}{5} = \dfrac{6}{25}$ 일 때, $\square = \dfrac{6}{25} \div \dfrac{3}{5} = \dfrac{\overset{2}{\cancel{6}}}{\cancel{25}} \times \dfrac{\overset{1}{\cancel{5}}}{\cancel{3}} = \dfrac{2}{5}$

예2 $2\dfrac{1}{12} \div \square = 3\dfrac{8}{9}$ 일 때, $\square = 2\dfrac{1}{12} \div 3\dfrac{8}{9} = \dfrac{25}{12} \div \dfrac{35}{9} = \dfrac{25}{\underset{4}{\cancel{12}}} \times \dfrac{\overset{3}{\cancel{9}}}{\underset{7}{\cancel{35}}} = \dfrac{15}{28}$

예제 2-1 □ 안에 알맞은 수를 써넣으시오.

(1) $(17-\square) \times 5 = 20$

(2) $\dfrac{7}{12} \times \left(\square + \dfrac{3}{5}\right) = \dfrac{21}{5}$

(3) $96 \div (\square - 13) \times 4 = 64$

(4) $\dfrac{3}{2} + (7+\square) \times \dfrac{1}{3} = \dfrac{31}{6}$

03 약수와 배수

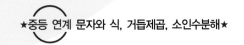

개념 다지기

1 약수와 배수의 뜻과 성질

(1) 약수와 배수

① 약수 : 어떤 수를 나누어떨어지게 하는 수

예 $6 \div 1 = 6$, $6 \div 2 = 3$, $6 \div 6 = 1$이므로 1, 2, 3, 6은 6의 약수입니다.

② 배수 : 어떤 수를 1배, 2배, 3배 … 한 수

예 $6 \times 1 = 6$, $6 \times 2 = 12$, $6 \times 3 = 18$, …이므로 6, 12, 18, …는 6의 배수입니다.

(2) 곱셈을 이용하여 약수와 배수의 관계 알아보기

$$\star = \blacksquare \times \bullet \text{에서} - \begin{cases} \star \text{은 } \blacksquare \text{와 } \bullet \text{의 배수} \\ \blacksquare \text{와 } \bullet \text{는 } \star \text{의 약수} \end{cases}$$

예 $6 = 2 \times 3$에서 $\begin{cases} 6\text{은 2와 3의 배수} \\ 2\text{와 3은 6의 약수} \end{cases}$

(3) 약수와 배수의 성질

① 약수의 성질

• $\triangle \div 1 = \triangle$, $\triangle \div \triangle = 1$이므로 0을 제외한 모든 수는 1과 자기 자신을 약수로 가집니다.

예 10의 약수 : 1, 2, 5, 10

20의 약수 : 1, 2, 4, 5, 10, 20

② 배수의 성질

• $\triangle \times 1 = \triangle$이므로 모든 수는 자기 자신을 배수로 가집니다.

예 4의 배수 : 4, 8, 12, 16, 20 …

7의 배수 : 7, 14, 21, 28, 35 …

1 50을 어떤 수로 나누면 나누어떨어집니다. 어떤 수가 될 수 있는 수는 모두 몇 개입니까?

2 영조는 사과 24개를 여러 개의 접시에 남김없이 똑같이 나누어 담으려고 합니다. 사과를 나누어 담는 방법은 모두 몇 가지입니까? (단, 2개 이상의 접시를 사용합니다.)

3 7의 배수 중 100에 가장 가까운 수를 구하시오.

4 철이는 8월 한 달 동안 3일에 한 번씩만 게임을 하기로 했습니다. 8월 2일에 게임을 했다면 8월에 7번째로 게임을 하는 날은 며칠입니까?

5 다음 식을 보고 설명이 잘못된 것을 모두 고르시오.

$$3 \times 7 = 21$$

① 3은 21의 약수입니다.
② 7은 21의 약수입니다.
③ 21은 5의 약수입니다.
④ 21은 7의 배수입니다.
⑤ 21의 약수는 3과 7뿐입니다.

I. 수와 연산

2 공약수와 최대공약수

(1) 공약수와 최대공약수의 뜻

① 공약수 : 두 수의 공통된 약수

② 최대공약수 : 공약수 중에서 가장 큰 수

예 12와 30의 공약수와 최대공약수

12의 약수 : 1, 2, 3, 4, 6, 12   ➡   12와 30의 공약수 : 1, 2, 3, 6

30의 약수 : 1, 2, 3, 5, 6, 10, 15, 30   12와 30의 최대공약수 : 6

(2) 공약수와 최대공약수의 관계

• 공약수는 최대공약수의 약수들입니다.

(3) 최대공약수 구하는 방법

12과 30의 공약수 ➡ $2 \overline{)\ 12 \quad 30}$

6과 15의 공약수 ➡ $3 \overline{)\ \ 6 \quad 15}$

$\qquad\qquad\qquad\qquad 2 \qquad 5$

$\Rightarrow 2 \times 3 = 6$ ➡ 12와 30의 최대공약수

3 공배수와 최소공배수

(1) 공배수와 최소공배수

① 공배수 : 두 수의 공통된 배수

② 최소공배수 : 공배수 중에서 가장 작은 수

예 12와 18의 공배수와 최소공배수

12의 배수 : 12, 24, 36, 48, 60, 72, …   ➡   12와 18의 공배수 : 36, 72, …

18의 배수 : 18, 36, 54, 72, 90, …   12와 18의 최소공배수 : 36

(2) 공배수와 최소공배수의 관계

• 공배수는 최소공배수의 배수들입니다.

(3) 최소공배수 구하는 방법

12과 18의 공약수 ➡ $2 \overline{)\ 12 \quad 18}$

6과 9의 공약수 ➡ $3 \overline{)\ \ 6 \quad\ 9}$

$\qquad\qquad\qquad\qquad 2 \qquad 3$

$\Rightarrow 2 \times 3 \times 2 \times 3 = 36$ ➡ 12와 18의 최소공배수

6 28과 42의 최대공약수를 구하려고 합니다. ㉠, ㉡, ㉢, ㉣, ㉤에 알맞은 수를 구하시오.

```
 ㉠ ) 28   42
  7 ) 14   ㉡    ⇒   28과 42의 최대공약수 ㉤
      ㉢    ㉣
```

7 36과 90의 최소공배수를 구하려고 합니다. ㉠, ㉡, ㉢, ㉣, ㉤에 알맞은 수를 구하시오.

```
 ㉠ ) 36   90
  3 ) 18   ㉡    ⇒   36과 90의 최소공배수 ㉤
 ㉢ )  6   15
      2    ㉣
```

8 사과 24개와 귤 40개를 남김없이 최대한 많은 사람에게 똑같이 나누어 준다면 사과와 귤을 받을 수 있는 사람은 몇 명입니까?

9 영수의 시계는 25분 간격으로, 철이의 시계는 40분 간격으로 알람이 울립니다. 두 시계의 알람이 동시에 울리고 다음 알람이 동시에 울리는 때는 몇 시간 몇 분 후입니까?

10 가로가 12 cm, 세로가 20 cm인 직사각형 모양의 종이를 겹치지 않게 늘어놓아 정사각형을 만들려고 합니다. 가장 작은 정사각형을 만들 때, 필요한 종이의 개수를 구하시오.

❶ 다양한 약수의 세계

1 1, 4, 9, 16, 25, … 등과 같은 제곱수(어떤 수에 자기 자신을 곱한 수)는 약수의 개수가 홀수 개입니다.

2 제곱수가 아닌 수는 약수의 개수가 짝수 개입니다. 특히, 2, 3, 5, 7, 11, … 등과 같이 약수의 개수가 2개(1과 자기 자신)인 수를 '소수'라고 부릅니다.

3 어떤 두 수의 최대공약수는 두 수를 더하거나, 빼거나, 곱한 수의 약수가 됩니다. 특히 어떤 두 수의 곱은 두 수의 최대공약수와 최소공배수의 곱과 같습니다.

예 12와 8

$$4 \overline{)\,12 \quad 8}$$
$$3 \quad 2$$

⇒ 최대공약수 : **4**
최소공배수 : $4 \times 3 \times 2$

- 두 수의 합 : $12+8=(4 \times 3)+(4 \times 2)=4 \times (3+2)$
- 두 수의 차 : $12-8=(4 \times 3)-(4 \times 2)=4 \times (3-2)$
- 두 수의 곱 : $12 \times 8=(4 \times 3) \times (4 \times 2)=4 \times (4 \times 3 \times 2)$ ← 곱셈끼리의 계산은 계산 순서를 바꾸어도 그 결과는 같습니다.
- 두 수의 합, 차, 곱은 최대공약수의 배수이고, 두 수의 곱은 최대공약수와 최소공배수의 곱과 같습니다.

> 참고 공약수가 1뿐인 두 수를 서로소라고 합니다. 위의 예에서 12와 8은 4로 나누어떨어지므로 서로소가 아닙니다. 또한, 3과 2는 서로소입니다.

4 유클리드 호제법 : 어떤 두 수의 최대공약수는 두 수 중 큰 수를 작은 수로 나눈 나머지와 작은 수의 최대공약수와 서로 같습니다.

예 819와 1925의 최대공약수를 구하시오.

$1925=819 \times 2+287$에서

1925와 819의 최대공약수는 819와 287의 최대공약수와 같습니다.

$819=287 \times 2+245$에서

819와 287의 최대공약수는 287과 245의 최대공약수와 같습니다.

$287=245 \times 1+42$에서

287과 245의 최대공약수는 245와 42의 최대공약수와 같습니다.

$245=42 \times 5+35$에서

245와 42의 최대공약수는 42와 35의 최대공약수와 같습니다.

42와 35의 최대공약수는 7이므로 819와 1925의 최대공약수는 7입니다.

이와 같이 매우 큰 두 수의 최대공약수를 구할 때 유클리드 호제법을 이용하여 구하면 쉽게 구할 수 있습니다.

예제 1-1 1부터 30까지의 자연수 중에서 다음 조건을 만족하는 자연수의 개수를 구하시오.

(1) 약수의 개수가 1개인 수 :
(2) 약수의 개수가 2개인 수 :
(3) 약수의 개수가 3개인 수 :
(4) 약수의 개수가 짝수 개인 수 :

예제 1-2 어떤 자연수보다 작은 소수가 6개일 때, 어떤 자연수가 될 수 있는 수를 모두 구하시오.

예제 1-3 서로 다른 두 자연수의 최대공약수가 3이고, 최소공배수는 36입니다. 두 자연수의 합이 21일 때, 두 자연수의 차를 구하시오.

예제 1-4 곱이 360이고, 최소공배수가 120인 두 자연수를 구하시오.
(단, 두 자연수는 모두 두 자리 수)

예제 1-5 3854과 1558의 최대공약수를 유클리드 호제법을 이용하여 구하는 과정입니다. □ 안에 들어갈 숫자들의 합 ㉠+㉡을 구하시오.

3854를 1558로 나누면 몫이 2이고, 나머지가 ㉠이다. 3854와 1558의 최대공약수는 유클리드 호제법에 의하면 1558과 ㉠의 최대공약수와 같다. 1558을 ㉠으로 나누면 몫이 2이고 나머지가 ㉡이다. 유클리드 호제법에 의해 1558과 ㉠의 최대공약수는 ㉠과 ㉡의 최대공약수와 같다. ㉠을 ㉡으로 나누면 나누어떨어지므로, ㉠과 ㉡의 최대공약수는 ㉡이다.
따라서 3854과 1558의 최대공약수는 ㉡이다.

② 배수 판정법

1 어떤 수를 보고 이 수가 어떤 수의 배수인지 간단하게 알아내는 방법

(1) 2의 배수 / 4의 배수 / 8의 배수 판정법

① 2의 배수 : 어떤 수의 일의 자리 수가 2의 배수이거나 0으로 끝나면 그 수는 2의 배수

② 4의 배수 : 어떤 수의 마지막 두 자리 수가 4의 배수이거나 00으로 끝나면 그 수는 4의 배수

③ 8의 배수 : 어떤 수의 마지막 세 자리 수가 8의 배수이거나 000으로 끝나면 그 수는 8의 배수

　예　23456 : 일의 자리 수가 2의 배수인 6이므로 2의 배수입니다.

　　　마지막 두 자리 수가 4의 배수인 56이므로 4의 배수입니다.

　　　마지막 세 자리 수가 8의 배수인 456이므로 8의 배수입니다.

(2) 5의 배수 판정법

어떤 수의 일의 자리 수가 0 또는 5이면 그 수는 5의 배수

　예　43210 : 일의 자리 수가 0이므로 5의 배수입니다.

(3) 3의 배수 / 9의 배수 판정법

① 3의 배수 : 어떤 수의 각 자리 수의 합이 3의 배수이면 그 수는 3의 배수

② 9의 배수 : 어떤 수의 각 자리 수의 합이 9의 배수이면 그 수는 9의 배수

　예　45678 : 각 자리 수는 4, 5, 6, 7, 8이므로 각 자리 수의 합은 $4+5+6+7+8=30$

　　　30은 3의 배수이므로 45678은 3의 배수입니다.

　　　30은 9의 배수가 아니므로 45678은 9의 배수가 아닙니다.

2 연속한 수의 곱으로 이루어진 수의 배수 판정법

(1) 연속한 두 수 중 하나는 반드시 2의 배수입니다.

⇒ 연속한 두 수를 곱하면 2의 배수입니다.

(2) 연속한 세 수에는 2의 배수와 3의 배수가 모두 들어 있습니다.

⇒ 연속한 세 수를 곱하면 2의 배수이면서 동시에 3의 배수이므로 6의 배수입니다.

(3) 연속한 네 수에는 2의 배수, 3의 배수, 4의 배수가 모두 들어 있습니다.

⇒ 연속한 네 수를 곱하면 2의 배수, 3의 배수, 4의 배수이므로 12의 배수입니다.

　예　연속한 네 수의 곱 $20 \times 21 \times 22 \times 23$는 그 값을 계산하기 어렵지만 2의 배수, 3의 배수, 4의 배수, 6의 배수, 12의 배수임을 알 수 있습니다.

예제 2-1 네 자리 수 95□4는 4의 배수이면서 동시에 9의 배수입니다. □ 안에 알맞은 수를 구하시오.

예제 2-2 세 자리 수 52□(이)가 3의 배수이고, 7□2가 4의 배수일 때, □ 안에 공통으로 들어가는 수를 구하시오.

예제 2-3 수 카드 **1**, **2**, **3**, **4**, **5** 중 3장을 선택하여 세 자리 수를 만들려고 합니다. 만들 수 있는 4의 배수의 개수를 ㉠, 5의 배수의 개수를 ㉡이라 할 때, ㉠+㉡을 구하시오.

예제 2-4 1에서 100까지의 자연수에서 다음과 같이 연속한 3개의 수를 묶어 놓았습니다.

(1, 2, 3), (2, 3, 4), (3, 4, 5), ⋯ , (98, 99, 100)

이때, 세 수의 곱이 15의 배수인 것은 모두 몇 묶음인지를 다음 배수의 성질을 이용하여 구하시오.

> 연속한 세 수에는 3의 배수가 들어 있고, 연속한 세 수의 합과 곱은 3의 배수입니다.
> 연속한 세 수를 나열해 보면 (1, 2, 3), (2, 3, 4), (3, 4, 5), (4, 5, 6), ⋯ 입니다.
> 각 그룹에는 항상 3의 배수가 들어 있음을 알 수 있습니다. 따라서 연속한 세 수의 곱
> $1 \times 2 \times 3$, $2 \times 3 \times 4$, $3 \times 4 \times 5$, $4 \times 5 \times 6$, ⋯ 등은 3의 배수입니다.

1 가와 나의 최대공약수를 가♠나, 최소공배수를 가♥나로 나타낼 때, 다음을 구하시오.

$$(30♠42)♥(36♥48)$$

2 다음은 어떤 계산식의 계산 과정입니다.

$$21 \times 13 = 273 \rightarrow 273 + 15 = 288$$
$$\rightarrow 288 \div 32 = 9$$

이 계산 과정에 알맞은 계산식을 고르면?

① $21 \times \{13 + (15 \div 2)\} = 9$
② $21 \times \{(13 + 15) \div 32\} = 9$
③ $\{21 \times (13 + 15) \div 32\} = 9$
④ $\{(21 \times 13) + 15 \div 32\} = 9$
⑤ $\{(21 \times 13) + 15\} \div 32 = 9$

3 $6\frac{5}{12}$ 에 어떤 수를 더하였더니 $12\frac{5}{8}$ 보다 $\frac{1}{4}$ 만큼 작은 수가 되었습니다. 어떤 수는 얼마입니까? (가분수로 쓰시오.)

4 어떤 자연수를 9로, 12로 나누어도 나머지가 항상 3이 된다고 합니다. 이러한 수 중에서 12보다 크고 200보다 작은 수는 모두 몇 개입니까?

5 □ 안에 >, =, < 중 알맞은 것을 쓰시오.

$$126 \div 9 + 5 \times 10 \boxed{} 126 \div (9 + 5) \times 10$$

6 어떤 수에 $1\frac{5}{7}$ 를 곱해야 할 것을 잘못하여 나누었더니 $\frac{3}{4}$ 이 되었습니다. 바르게 계산한 값은 얼마입니까? (가분수로 쓰시오.)

7 길이가 $5\frac{3}{4}$ cm인 테이프 3장을 그림과 같이 $1\frac{1}{6}$ cm씩 겹치게 이었습니다. 이은 테이프 전체의 길이는 몇 cm입니까? (가분수로 쓰시오.)

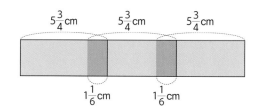

8 정아가 어떤 수에 4를 더한 뒤, 6을 곱하고 8로 나누어야 할 것을 잘못해서 4를 뺀 뒤 6을 곱하고 8을 빼서 160으로 계산했습니다. 바르게 계산한 값을 구하시오.

9 24와 어떤 수의 최대공약수는 4이고, 최소공배수는 120입니다. 어떤 수를 구하시오.

10 다음 3장의 수 카드를 모두 한 번씩만 사용하여 □ 안을 채울 때, 계산 결과가 가장 큰 값은 얼마인지 구하시오.

$$\boxed{2}, \boxed{3}, \boxed{5}$$
$$\rightarrow 36 \div (\square \times \square) + \square$$

11 두 수의 최소공배수가 144일 때, ㉮와 ㉯에 알맞은 수를 각각 구하시오.

$$12\ )\ \underline{36\quad ㉮}$$
$$\qquad\quad 3\quad ㉯$$

12 민희가 책을 첫째 날은 전체의 $\frac{1}{3}$을 읽었고, 둘째 날은 전체의 $\frac{2}{5}$를 읽었습니다. 셋째 날까지 전체의 $\frac{9}{10}$를 읽었다면, 셋째 날에는 전체의 얼마를 읽었습니까?

1 ㉮♡㉯=(㉮×4)−(㉯×3)으로 계산하기로 했습니다. 12♡□=24일 때, □ 안에 알맞은 수를 구하시오.

2 1부터 100까지의 자연수 중에서 4나 5로 나누면 나머지가 없고, 6으로 나누면 4가 남는 자연수를 모두 구하시오.

3 어떤 일을 하는데 세 명이 일주일 동안 해서 전체 일의 반을 마쳤습니다. 매일 하는 일의 양이 같고, 세 사람이 하루에 한 일의 양이 모두 같다면, 한 사람이 하루에 한 일의 양은 전체의 얼마인지 구하시오.

4 860원 하는 공책 3권과 연필 4자루를 사고 5000원을 냈더니 220원을 거슬러 주었습니다. 연필 한 자루의 값은 얼마인지 구하시오.

5 1에서 100까지의 번호가 붙은 책이 있습니다. 수경이는 번호가 3의 배수인 책만 읽고 현진이는 번호가 4의 배수인 책만 읽었을 때, 100권의 책 중에서 아무도 읽지 않은 책은 몇 권입니까?

6 은광이는 심부름을 하여 받은 용돈을 6일 동안 저금통에 저금하여 7500원을 모았습니다. 매일 그 전날보다 300원씩 적게 저금을 했다면, 첫째 날 저금한 돈은 얼마인지 구하시오.

7 $\frac{4}{9}$ L의 참기름을 4개의 병에 똑같이 나누어 담은 뒤, 한 개의 병에 담긴 참기름을 같은 양씩 며칠 동안 사용했더니 하루에 사용한 양이 $\frac{1}{27}$ L였습니다. 한 개의 병에 담긴 참기름을 며칠 동안 사용했는지 구하시오.

8 다음 숫자 카드를 한 번씩만 써서 대분수 2개를 만들려고 합니다. 두 분수의 합이 가장 크게 될 때의 답을 가분수로 쓰시오.

| 8 | 5 | 2 | 4 | 9 | 1 |

9 유진이는 어제 2400원, 오늘은 1000원을 저금했습니다. 태리는 유진이가 어제와 오늘 저금한 돈의 3배보다 350원을 더 많이 저금하였고, 경수는 13000원을 저금하였습니다. 경수는 태리보다 얼마나 더 많이 저금하였는지 구하시오.

10 두 수의 곱은 960이고, 두 수의 최대공약수가 4이면, 두 수의 최소공배수는 얼마입니까?

11 고구마가 72kg이 있습니다. 전체의 $\frac{1}{8}$은 할머니 댁에 보내고, 나머지의 $\frac{4}{7}$는 팔았습니다. 팔고 남은 고구마의 $\frac{2}{9}$를 이웃집에 주었다면, 이웃집에 주고 남은 고구마는 몇 kg입니까?

12 네 변이 96m, 80m, 64m, 128m인 사각형 모양의 토지의 둘레에 같은 간격으로 말뚝을 박아 울타리를 만들려고 합니다. 네 모퉁이에는 반드시 말뚝을 박아야 하고 말뚝의 개수는 되도록 적게 하려고 할 때, 필요한 말뚝의 개수를 구하시오.

정해진 답은 없어요!
내용만 맞으면 OK!

개념 테스트

앞에서 공부한 내용을 오래 기억하고 제대로 이해하기 위한 '개념 테스트' 활동을 해 보아요.

❶ 공부한 내용을 떠올리며 개념 테스트를 하세요.
  테스트 진행 중에는 절대로 앞 내용을 보지 않고, 힘들어도 내용을 떠올려 보세요!
❷ 개념 테스트가 끝난 후, 개념 내용을 확인하여 부족하거나 잘못 쓴 내용을 보충하세요.

1. 괄호가 들어 있는 자연수의 혼합 계산을 예시를 들어 설명하시오.

2. 포함제 나눗셈과 등분제 나눗셈을 예를 들어 설명하시오.

3. 분수의 나눗셈을 다음 순서로 예를 들어 설명하시오.

(1) (자연수)÷(자연수)

(2) (분수)÷(자연수)

(3) (분수)÷(분수)

(4) (자연수)÷(분수)

4. 다음 용어들의 뜻을 쓰고, 예를 들어 설명하시오.

(1) 약수

(2) 배수

(3) 공약수와 최대공약수

(4) 공배수와 최소공배수

II

규칙성

01 규칙 찾기

개념 다지기

1 수의 배열에서 규칙 찾기

가로줄, 세로줄, 대각선 방향으로 놓인 수들에서 다양한 규칙을 찾을 수 있습니다.

예

1	2	3	4	5
6	7	8	9	10
11	12	13	14	15
16	17	18	19	20

① → 방향으로 1씩 커집니다.

② ↓ 방향으로 5씩 커집니다.

③ ↘ 방향으로 6씩 커집니다.

④ ↗ 방향으로 4씩 작아집니다.

2 도형의 배열에서 규칙 찾기

배열 순서에 따라 도형의 개수가 변하는 규칙을 찾을 수 있습니다.

예
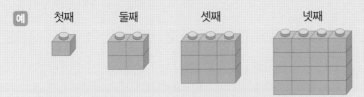
첫째   둘째   셋째   넷째

① 배열 순서가 늘어남에 따라 가로줄과 세로줄이 한 줄씩 늘어납니다.

② 도형의 개수가 1×1, 2×2, 3×3, 4×4의 형태로 늘어납니다.

3 계산식에서 규칙 찾기

계산식을 관찰하여 계산 결과의 규칙을 찾을 수 있습니다.

예

순서	덧셈식
첫째	1+2+1=4
둘째	1+2+3+2+1=9
셋째	1+2+3+4+3+2+1=16
넷째	1+2+3+4+5+4+3+2+1=25

① 각 줄의 합이 2×2, 3×3, 4×4, 5×5로 늘어납니다.

② 각 줄의 가운데 숫자는 2, 3, 4, 5로 1씩 커집니다.

③ 각 줄의 가운데 숫자를 기준으로 양옆으로 가면서 1씩 줄어듭니다.

④ 각 줄의 수의 개수는 3개, 5개, 7개, 9개로 2개씩 늘어납니다.

1 좌석표에서 좌석 번호의 규칙을 찾아 ■, ●에 알맞은 좌석 번호를 구하시오.

영화관 좌석표				
A3	A4	A5	A6	A7
B3	B4	B5	B6	B7
C3	C4	C5	C6	■
D3	D4	D5	D6	D7
E3	E4	●	E6	E7

2 다음과 같은 규칙으로 삼각형을 붙여 나갈 때, 10번째 도형을 이루고 있는 삼각형은 모두 몇 개인지 구하시오.

  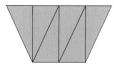 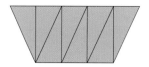

3 다음 곱셈식에서 ㉮, ㉯에 들어갈 알맞은 수를 쓰시오.

$$11 \times 11 = 121 \qquad 11 \times 33 = (\text{㉯})$$
$$11 \times (\text{㉮}) = 242 \qquad 11 \times 44 = 484$$

4 이번 달 달력이 찢어져서 아래와 같이 일부만 남겨졌습니다. 이달의 네 번째 토요일은 며칠 인지 구하시오.

일	월	화	수	목	금	토
			1	2	3	4
		7	8	9	10	

02 규칙과 대응

개념 다지기

1 **대응 관계를 식으로 나타내기**

두 값 사이의 규칙을 알면, 두 값의 대응 관계를 식으로 나타낼 수 있습니다.

(1) 두 양 사이의 대응 관계

예 세발자전거의 수와 바퀴의 수의 대응 관계

세발자전거의 수를 □라 하고, 바퀴의 수를 ○이라 하면,

세발자전거의 수(□)	1	2	3	4	...	□
바퀴의 수(○)	3	6	9	12	...	3×□

따라서 세발자전거의 수와 바퀴의 수의 대응 관계를 식으로 나타내면 아래와 같습니다.

○=3×□ (또는 □=○÷3)

(2) 배열 순서와 도형의 수의 대응 관계

예   1   2   3   4

배열 순서를 □라 하고, 쿠키의 수를 ○이라 하면,

배열 순서(□)	1	2	3	4	...	□
쿠키의 수(○)	1×1	2×2	3×3	4×4	...	□×□

따라서 배열 순서에 따른 쿠키의 수의 대응 관계를 식으로 나타내면 아래와 같습니다.

○=□×□

(3) 표로 주어진 대응 관계

예 □	2021	2022	2023	...	2030
△	21	22	23	...	30

두 값 중 하나를 기준으로 정한 후, □와 △의 대응 관계를 식을 나타내면 아래와 같습니다.

① △의 값은 □보다 2000만큼 작습니다. ⇒ △ = □ −2000

② □의 값은 △보다 2000만큼 큽니다. ⇒ □ = △ +2000

개념 확인

1 꿀벌의 수를 □, 꿀벌의 다리의 수를 △라고 할 때, □와 △ 사이의 대응 관계를 식으로 올바르게 나타낸 것을 고르면?

① $\square \times 4 = \triangle$ ② $\square + 5 = \triangle$

③ $\square \times 6 = \triangle$ ④ $\square \times 4 + 2 = \triangle$

⑤ $\square \times 8 = \triangle$

2 □와 △의 대응 관계가 다음과 같을 때, ㉮에 들어갈 알맞은 수를 구하시오.

□	3	4	5	6	…	10
△	17	16	15	14	…	㉮

3 다음과 같은 규칙으로 분홍색 사탕과 초록색 사탕을 늘어놓았다.

1   2   3

• • •

분홍색 사탕과 초록색 사탕의 개수를 아래와 같이 표로 나타내었을 때, 표의 빈칸을 모두 채우시오.

배열 순서	1	2	3	4	5
분홍색 사탕					
초록색 사탕					

① 대응 관계를 식으로 나타내기

기호를 사용하여 여러 가지 대응 관계를 식으로 나타낼 수 있습니다. 다양한 대응 관계를 생각해 봅시다.

1 □와 ○ 사이의 대응 관계

예 ○=2×□+3

□	1	2	3	4	…
○	5	7	9	11	…

2 □와 ○, ◇ 사이의 대응 관계 (□의 값이 정해지면, ○와 ◇의 값이 정해지는 대응 관계)

예 $\begin{cases} ○=3×□ \\ ◇=2×□ \end{cases}$ (세발자전거의 수 : □, 바퀴의 수 : ○, 손잡이의 수 : ◇)

세발자전거 1대
바퀴 3개
손잡이 2개

□	1	2	3	4	…
○	3	6	9	12	…
◇	2	4	6	8	…
(○, ◇)	(3, 2)	(6, 4)	(9, 6)	(12, 8)	…

□의 값에 따른 ○와 ◇의 값을 한 줄에 표현하기 위해 (○, ◇)라고 표현합니다.

3 ○, ◇와 □ 사이의 대응 관계 (○와 ◇의 값이 정해지면, □의 값이 정해지는 대응 관계)

예 □=(2×○)+(4×◇) (전체 바퀴의 수 : □, 두발자전거의 수 : ○, 자동차의 수 : ◇)

(○, ◇)	(1, 1)	(1, 2)	(2, 1)	(2, 2)	…
□	2+4=6	2+8=10	4+4=8	4+8=12	…

참고 독일의 수학자 데데킨트(Dedekind, 1831~1916)는 두 기호 사이의 대응 관계를 '사상'이라고 하였고, 특히 두 기호 모두에 수가 들어가는 '사상'을 '함수'라고 하였습니다. 따라서 함수를 이루는 기본적인 조건은 두 기호 사이의 대응 관계입니다.

예제 1-1 기호 □, △, ○ 사이의 대응 관계가 □=2×△, △=○+3일 때, 다음을 각각 구하시오.

(1) ○=10일 때, □의 값   (2) □=10일 때, ○의 값

예제 1-2 세 기호 □, ○, ◇의 대응 관계를 식으로 나타내면 □=2×○+3×◇입니다. ○, ◇가 자연수일 때, □의 값이 20이 되도록 하는 자연수 ○와 ◇에 알맞은 수를 모두 구하고, 그 값을 (○, ◇)의 꼴로 나타내시오.

예제 1-3 유경, 성윤, 희수는 수학 시험을 봤습니다. 유경이의 점수는 성윤이의 2배와 같고, 희수는 성윤이보다 10점이 높습니다. 성윤이의 점수를 □, 유경이의 점수를 ○, 희수의 점수를 ◇라 할 때, 다음 물음에 답하시오.

(1) 성윤이의 점수가 40점일 때, 유경, 희수의 점수를 각각 구하시오.

(2) □와 ○사이의 대응 관계와 □와 ◇ 사이의 대응 관계를 각각 식으로 나타내시오.

03 비와 비율

★중등 연계 함수, 확률★

개념 다지기

1 비 (比 비교할 비)

(1) 정의

두 수를 나눗셈으로 비교하기 위해 기호 ' : '을 사용하여 $\square : \triangle$ 와 같이 나타낸 것을 '비'라고 합니다. 이때 $\square$(기호의 왼쪽)를 비교하는 양, $\triangle$(기호의 오른쪽)를 기준량이라고 합니다.

(2) $\overset{\text{전항}}{\square} : \overset{\text{후항}}{\triangle}$ 를 읽는 법

- $\square$ 대 $\triangle$
- $\square$ 과 $\triangle$ 의 비
- $\square$ 의 $\triangle$ 에 대한 비
- $\triangle$ 에 대한 $\square$ 의 비

(3) 여러 가지 비교

200원짜리 사탕과 600원짜리 사탕을 비교할 때, 뺄셈을 이용해서 400원 차이가 난다고 비교할 수도 있고, 나눗셈을 이용해서 3배 차이가 난다고 비교할 수도 있습니다. 이때, 뺄셈을 이용하는 비교를 절대적 비교, 나눗셈을 이용하는 비교를 상대적 비교라고 합니다. '비'는 나눗셈을 이용하는 상대적 비교에 해당됩니다.

2 비율 (比 비교할 비 率 비율 율)

(1) 정의

기준량에 대한 비교하는 양의 크기를 '비율'이라고 합니다.

$$(\text{비율}) = (\text{비교하는 양}) \div (\text{기준량}) = \frac{(\text{비교하는 양})}{(\text{기준량})}$$

3:5의 비율은 $\dfrac{3}{5} = 0.6$입니다. 비율은 '비의 값'으로 불리기도 합니다.

(2) $(\text{비율}) = \dfrac{(\text{비교하는 양})}{(\text{기준량})} \Rightarrow (\text{비교하는 양}) = (\text{기준량}) \times (\text{비율})$

1 □ 안에 알맞은 기호를 써넣으시오.

> 두 수를 나눗셈으로 비교할 때 기호 [ ]을(를) 사용합니다.

2 100원짜리 동전을 20번 던졌을 때 그림면이 8번 나왔습니다. 동전을 던진 횟수에 대한 그림면이 나온 횟수의 비율을 기약분수로 나타내시오.

3 다음 중 비를 잘못 나타낸 것은 어느 것입니까?

① 6과 7의 비 → 6:7
② 7에 대한 3의 비 → 3:7
③ 6의 5에 대한 비 → 6:5
④ 9 대 6 → 6:9
⑤ 12에 대한 7의 비 → 7:12

4 소연이네 반의 학생 수를 나타낸 것입니다. 물음에 답하시오.

남학생	여학생
25명	20명

(1) 남학생 수와 여학생 수의 비를 구하시오.

(2) 남학생 수에 대한 여학생 수의 비를 구하시오.

5 비율이 큰 순서대로 기호를 쓰시오.

> ㉠ 8:12 ㉡ 4:9
> ㉢ 3:5 ㉣ 7:25

3 백분율(百 일백 백 分 나눌 분 率 비율 율)

(1) 정의

기준량을 100으로 할 때의 비율을 백분율이라고 합니다.

(2) 백분율 읽는 법

비율 $\frac{2}{5}$를 백분율로 나타내면 $\frac{40}{100}$이고, 이를 40%라 쓰고, 40퍼센트라 읽습니다.

(3) 백분율 구하는 2가지 방법

$\frac{3}{20}$을 백분율로 나타내어 봅시다.

|방법1| 기준량이 100인 비율로 나타내기	|방법2| 비율에 100을 곱하고 %를 붙이기
$\frac{3}{20} = \frac{15}{100} = 15\%$	$\frac{3}{20} \times 100 = 15(\%)$

↳ 분모가 100인 분수로 나타내기

여기서 주의할 것은 $\frac{3}{20} = \frac{15}{100} = 15\%$이지만, $\frac{3}{20} \times 100 = 15$라는 점입니다.

단지, $\frac{3}{20} \times 100 = 15$는 백분율을 쉽게 구하는 방법으로 괄호를 이용하여

$\frac{3}{20} \times 100 = 15(\%)$로 표현할 수 있습니다.

(4) 백분율을 비율로 바꾸는 방법은 %를 떼고, 100으로 나눕니다.

$$40\% = \frac{40}{100} = \frac{2}{5} = 0.4$$

> 참고

우리나라에서는 분수 $\frac{3}{4}$을 4분의 3이라 읽어서 분모가 먼저 분자가 나중에 등장한다. 영어로는 분수 $\frac{3}{4}$을 3 over 4라 읽는다. 분자를 먼저 말하는 방식이다. 수학 기호의 대부분이 영어에서 가져온 것들이라 우리는 공부할 때 해석이 필요하다. 퍼센트에서 per는 기호 '/'를, cent는 프랑스어로 100이라는 뜻이 있다. 그러므로 영어권 학생들은 퍼센트를 자연스레 '100분의'라고 받아들인다.

우리나라 학생들 : 40% → 40퍼센트 → 백분율이니까 기준량을 100으로 보고 → $\frac{40}{100}$

영어권 학생들 : 40percent → 40 / (per) 100(cent) → $\frac{40}{100}$

6 철수네는 고구마를 200개 캐어 이웃집에 150개를 나누어 주었습니다. 다음 물음에 답하시오.

(1) 철수네는 전체 고구마의 몇 %를 이웃집에 주었습니까?

(2) 전체 고구마에 대한 남은 고구마의 비율은 몇 %입니까?

7 두 수의 크기를 비교하여 □ 안에 >, =, <를 알맞게 써넣으시오.

73% □ 0.703

8 철이는 수학 시험에서 25문제 중 21문제를 맞혔습니다. 전체 문제 수에 대한 맞힌 문제 수의 비율이 몇 %인지 구하시오.

9 한 회사에서 50명의 학생을 대상으로 한 신제품 볶음라면의 만족도 설문 조사 결과입니다. 물음에 답하시오.

항목	매우 만족	만족	보통	불만족	매우 불만족	계
학생 수	9	21	12	7	1	50

(1) '매우 만족'으로 대답한 학생은 전체의 몇 %인지 구하시오.

(2) 아래 표는 위 표의 일부를 그린 것입니다. 빈칸에 알맞은 수를 써넣으시오.

항목	만족	보통	불만족
학생 수	21	12	7
백분율(%)		24	

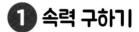

① 속력 구하기

속력은 걸린 시간에 대한 이동 거리의 비율을 말합니다.

1 기본 공식 : (속력)=$\dfrac{(거리)}{(시간)}$, (거리)=(속력)×(시간), (시간)=$\dfrac{(거리)}{(속력)}$

> 예 시속 3km로 2시간 동안 갈 수 있는 거리를 시속 10km 자전거로 달리면 몇 분이 걸릴까요?
> 시속 3km로 2시간 동안 갈 수 있는 거리는 3×2=6(km)이고, 6km 거리를 시속 10km로 달
> 릴 때 걸리는 시간은 $\dfrac{6}{10}$=0.6(시간)이므로 분으로 고치면 60×0.6=36(분)입니다.

2 응용 문제를 풀 때는 (시간)=$\dfrac{(거리)}{(속력)}$ 공식이 많이 이용됩니다.

> 예 길이가 100m인 기차가 길이가 900m인 터널을 빠져나가는 데 5분이 걸립니다. 같은 빠르기로
> 길이가 1900m인 터널을 빠져나가는 데 걸리는 시간은 얼마입니까?
> 기차가 터널을 통과하기 위해서는 아래 그림과 같이 (터널의 길이+기차의 길이)만큼 이동해야
> 합니다. 따라서 기차의 속력은 $\dfrac{900+100}{5}$=200(m/분)이고, 1900m 터널을 통과하는 데 걸리
> 는 시간은 $\dfrac{1900+100}{200}$=10(분)입니다.

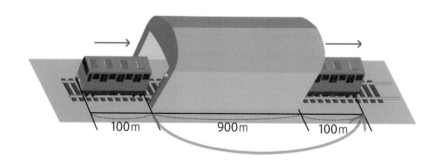

100m   900m   100m

예제 1-1 두 지점 A, B 사이를 왕복하는데 갈 때는 시속 20km, 올 때는 시속 30km로 자전거를 타고 달렸더니 총 3시간이 걸렸습니다. 두 지점 A, B 사이의 거리를 구하시오.

예제 1-2 둘레의 길이가 3km인 호수의 같은 지점에서 A, B 두 사람이 동시에 출발하여 서로 반대 방향으로 걸어갔습니다. A는 분속 60m로, B는 분속 40m로 걸을 때, 두 사람은 출발한 지 몇 분 후에 처음으로 만나는지 구하시오.

② 소금물 진하기 구하기

소금물 진하기는 소금물의 양에 대한 소금의 비율(백분율)을 말합니다.

1 기본 공식 : (진하기)$=\dfrac{(소금의\ 양)}{(소금물의\ 양)} \times 100$, (소금의 양)$=\dfrac{(진하기)}{100} \times (소금물의\ 양)$

> 예 소금 30g을 녹여 소금물 150g을 만든 후, 물 50g을 더 넣었을 때, 소금물의 진하기는?
>
> 총 소금물의 양은 150+50=200(g)이고, 소금의 양은 30g이므로, 소금물의 진하기는
>
> $\dfrac{30}{200} \times 100 = 15(\%)$입니다.

2 응용 문제를 풀 때는 (소금의 양)$=\dfrac{(진하기)}{100} \times (소금물의\ 양)$ 공식이 많이 이용됩니다.

> 예 진하기가 12%인 소금물 150g에 물 50g을 더 넣었을 때, 소금물의 진하기는?
>
> 소금의 양은 $\dfrac{12}{100} \times 150 = 18(g)$이므로 물 50g을 더 넣었을 때, 소금물의 진하기는
>
> $\dfrac{18}{200} \times 100 = 9(\%)$입니다.

예제 2-1 진하기가 8%인 설탕물 100g과 14%인 설탕물 200g을 모두 섞어 □ % 설탕물 300g을 만들었습니다. □에 알맞은 수를 구하시오.

예제 2-2 10%의 설탕물 400g이 있습니다. 여기에 몇 g의 물을 더 넣으면 5%의 설탕물 되는지 구하시오.

할인율은 원가, 정가, 할인가의 형태로 자주 나옵니다. (백분율)

1 □를 △% 인상 : $\square \times \left(1+\dfrac{\triangle}{100}\right)$

> 예 1000원짜리 아이스크림 가격을 30% 인상했을 때 가격
>
> $$1000 \times \left(1+\dfrac{30}{100}\right) = 1000+1000 \times \dfrac{30}{100} = 1000+300 = 1300(원)$$

2 □를 △% 할인 : $\square \times \left(1-\dfrac{\triangle}{100}\right)$

> 예 1000원짜리 아이스크림 가격을 30% 할인했을 때 가격
>
> $$1000 \times \left(1-\dfrac{30}{100}\right) = 1000-1000 \times \dfrac{30}{100} = 1000-300 = 700(원)$$

3 여러 번 인상하는 경우

> 예 1000원짜리 아이스크림 가격을 30% 올린 후, 20% 올린 가격
>
> $$1000 \times \left(1+\dfrac{30}{100}\right) \times \left(1+\dfrac{20}{100}\right) = 1000 \times 1.3 \times 1.2 = 1560(원)$$

4 여러 번 할인하는 경우

> 예 1000원짜리 아이스크림 가격을 30% 할인 후, 20% 할인한 가격
>
> $$1000 \times \left(1-\dfrac{30}{100}\right) \times \left(1-\dfrac{20}{100}\right) = 1000 \times 0.7 \times 0.8 = 560(원)$$

5 인상과 할인이 반복되는 경우

> 예 1000원짜리 아이스크림 가격을 30% 올린 후, 20% 할인한 가격
>
> $$1000 \times \left(1+\dfrac{30}{100}\right) \times \left(1-\dfrac{20}{100}\right) = 1000 \times 1.3 \times 0.8 = 1040(원)$$

> 예 1000원짜리 아이스크림 가격을 30% 할인 후, 20% 올린 가격
>
> $$1000 \times \left(1-\dfrac{30}{100}\right) \times \left(1+\dfrac{20}{100}\right) = 1000 \times 0.7 \times 1.2 = 840(원)$$

예제 3-1 오늘 1000원을 내고 사 먹었던 과자가 내일부터 원자재 가격의 상승으로 가격을 10% 인상한다고 합니다. 과자의 가격을 구하시오.

예제 3-2 18000원짜리 음식을 주문하는 데 15%의 할인권을 사용하려고 합니다. 음식 값으로 내야 하는 돈은 얼마인지 풀이 과정을 쓰고 답을 구하시오.

예제 3-3 사과 선물 세트에 20%의 이익을 붙여서 정가를 정하고, 정가에서 2400원을 할인하여 팔았더니 1개를 팔 때마다 원가의 10%의 이익을 얻었습니다. 이 사과 선물 세트의 원가를 구하시오.

예제 3-4 원가가 10000원인 상품에 50%의 이익을 붙여서 정가를 정했다가 다시 정가의 □%를 할인하여 팔았더니 1개를 팔 때마다 원가의 20%의 이익을 얻었습니다. 이때 □의 값을 구하시오.

04 비례식과 비례배분

★중등 연계 도형의 닮음
방정식과 부등식의 활용★

개념 다지기

1 비의 성질

비의 전항과 후항에 0이 아닌 수를 곱하거나 나누어도 비율의 값은 같습니다.

- 비 $\square : \triangle$의 비율$= \dfrac{\square}{\triangle}$

- 비 $\square \times 3 : \triangle \times 3$의 비율$= \dfrac{\square \times 3}{\triangle \times 3} = \dfrac{\square \times 3 \div 3}{\triangle \times 3 \div 3} = \dfrac{\square}{\triangle}$

- 비 $\square \div 3 : \triangle \div 3$의 비율$= \dfrac{\square \div 3}{\triangle \div 3} = \dfrac{\square \div 3 \times 3}{\triangle \div 3 \times 3} = \dfrac{\square}{\triangle}$

2 비례식

(1) 비율이 같은 두 비를 기호 '='를 사용하여 나타낸 식

$$\overset{\text{내항}}{6 : 4 = 18 : 12}$$

외항

(2) 비례식의 내항과 외항의 곱은 같습니다.

(3) 곱셈식을 비례식으로 나타내기

$$\square \times 3 = \triangle \times 2 \rightarrow \square : \triangle = 2 : 3 \text{ 또는 } \square : 2 = \triangle : 3$$

(4) 나눗셈식을 비례식으로 나타내기

$$\dfrac{\square}{3} = \dfrac{\triangle}{2} \rightarrow \square : \triangle = 3 : 2 \text{ 또는 } \square : 3 = \triangle : 2$$

3 비례배분

(1) 전체를 주어진 비로 배분하는 것

(2) $\square$를 $\triangle : \bigcirc$ 비례배분하기 : $\square \times \dfrac{\triangle}{\triangle + \bigcirc}, \ \square \times \dfrac{\bigcirc}{\triangle + \bigcirc}$

예 사탕 20개를 경수와 철이가 3:2로 나눠 가지면 각각 몇 개씩 가질까요?

$$경수 = 20 \times \dfrac{3}{3+2} = 12(개), \ 철이 = 20 \times \dfrac{2}{3+2} = 8(개)$$

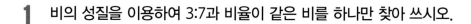

개념 확인

1 비의 성질을 이용하여 3:7과 비율이 같은 비를 하나만 찾아 쓰시오.

2 비의 성질을 이용하여 주어진 비를 가장 간단한 자연수의 비로 나타내는 과정입니다. □ 안에 들어갈 숫자를 차례대로 쓰시오.

$$1.2 : 1.5 = (1.2 \times 10) : (1.5 \times 10) = 12 : 15 = (12 \div \boxed{}) : (15 \div \boxed{}) = \boxed{} : \boxed{}$$

3 다음 중 비례식은 어느 것입니까?

① $2 \times 3 = 2 + 4$ ② $1 : 4 = 2 : 8$ ③ $2 \times 5 = 5 + 2$
④ $6 \div 3 = 2$ ⑤ $5 + 3 = 6 + 2$

4 다음 식을 만족하는 ㉮와 ㉯에 대하여, ㉯에 대한 ㉮의 비를 가장 간단한 자연수의 비로 나타내시오.

$$㉮ \times 21 = ㉯ \times 35$$

5 비례식 $3 : □ = 18 : 12$에서 □를 구하는 식으로 알맞은 것은?

① $3 \times 12 \times 18$ ② $3 \times 12 \div 18$ ③ $18 \div 3 \times 12$
④ $18 \times 12 \div 3$ ⑤ $18 \div 3 \div 12$

6 154를 주어진 비로 나누어 보시오.

$$11 : 3$$

① 비례식과 비례배분

1 톱니바퀴와 비례식의 원리

두 톱니바퀴가 맞물리면 톱니 수가 많을수록 회전수는 줄어듭니다.

㉮ 톱니바퀴는 톱니 수가 30개이고, ㉯ 톱니바퀴는 톱니 수가 20개입니다. 두 톱니바퀴가 1개씩 맞물려 움직이면, ㉮ 톱니바퀴는 30개의 톱니 중에 1개가 맞물려 움직였으므로 $\frac{1}{30}$만큼 회전한 셈이 되고, ㉯ 톱니바퀴는 20개의 톱니중에 1개가 맞물려 움직였으므로 $\frac{1}{20}$만큼 회전한 셈이 됩니다. 따라서 맞물려 돌아가는 톱니바퀴의 회전수는 $\frac{1}{(톱니\ 수)}$에 비례합니다. 이를 정리하면 다음과 같은 관계식을 얻을 수 있습니다.

- ㉮ 톱니 수 : ㉯ 톱니 수 $= \dfrac{1}{㉮\ 회전수} : \dfrac{1}{㉯\ 회전수}$

- ㉮ 톱니 수 : ㉯ 톱니 수 $=$ ㉯ 회전수 : ㉮ 회전수

- ㉮ 톱니 수 × ㉮ 회전수 $=$ ㉯ 톱니 수 × ㉯ 회전수

2 항이 3개짜리 비례식과 비례배분

- 항이 2개인 경우

  ㉮ : ㉯ $= 2 : 3$ → $3 × ㉮ = 2 × ㉯$ → $\dfrac{㉮}{2} = \dfrac{㉯}{3}$

- 항이 3개인 경우

  ㉮ : ㉯ : ㉰ $= 3 : 2 : 5$ → $\dfrac{㉮}{3} = \dfrac{㉯}{2} = \dfrac{㉰}{5}$

  ㉮의 비례배분 : $\dfrac{3}{3+2+5} = \dfrac{3}{10}$

  ㉯의 비례배분 : $\dfrac{2}{3+2+5} = \dfrac{2}{10}$

  ㉰의 비례배분 : $\dfrac{5}{3+2+5} = \dfrac{5}{10}$

예제 1-1 서로 맞물려 돌아가는 두 톱니바퀴 ㉮와 ㉯가 있습니다. ㉮의 톱니 수는 36개이고, ㉯의 톱니 수는 27개입니다. 톱니바퀴 ㉮가 9바퀴 도는 동안 톱니바퀴 ㉯는 몇 바퀴 돕니까?

예제 1-2 맞물려 돌아가는 두 톱니바퀴 ㉮와 ㉯가 있습니다. ㉮는 6분 동안 16바퀴를 돌고 ㉯는 3분 동안 24바퀴를 돕니다. ㉮의 톱니가 24개일 때, ㉯의 톱니는 몇 개입니까?

예제 1-3 ㉮, ㉯, ㉰ 3명이 $\dfrac{㉮}{5} = \dfrac{㉯}{4} = \dfrac{㉰}{3}$의 비율로 사탕을 먹었습니다. 전체 사탕의 개수가 60개일 때, ㉮, ㉯, ㉰는 각각 사탕을 몇 개씩 먹었는지 비례배분을 이용하여 구하시오.

1 나눗셈의 규칙을 찾아 $888 \div 37$의 몫은 얼마인지 구하시오.

$$111 \div 37 = 3$$
$$222 \div 37 = 6$$
$$333 \div 37 = 9$$
$$444 \div 37 = 12$$

2 신혜와 철이가 가진 구슬 수는 모두 60개입니다. 신혜가 철이보다 구슬을 14개 더 많이 가지고 있을 때, 신혜가 가진 구슬 수에 대한 철이가 가진 구슬 수의 비를 구하시오.

3 현아네 학교 6학년 학생 중 수학 시험에서 마지막 문제를 맞힌 학생은 63명입니다. 이것은 6학년 전체 학생의 42%일 때 마지막 문제를 틀린 학생은 몇 명인지 구하시오.

4 가로가 12 m, 세로가 20 m인 직사각형 모양의 밭이 있습니다. 이 밭의 65%에는 무를 심었습니다. 무를 심은 밭의 넓이는 몇 m^2입니까?

5 세로에 대한 가로의 비율이 $\frac{3}{4}$인 직사각형이 있습니다. 이 직사각형의 세로가 24 cm일 때 넓이는 몇 cm^2인지 구하시오.

6 달력의 □ 안에 있는 4개의 수를 모두 더하면 36입니다. 이와 같은 모양으로 4개의 수를 모두 더한 합이 80이라면 4개의 수 중 가장 작은 수를 구하시오.

일	월	화	수	목	금	토
				1	2	3
4	5	6	7	8	9	10
11	12	13	14	15	16	17
18	19	20	21	22	23	24
25	26	27	28	29	30	31

7 진영이는 35000원인 장난감을 24500원에 샀습니다. 진영이는 장난감을 몇 % 할인된 가격에 산 것입니까?

8 성냥개비를 사용해서 다음 그림과 같은 정사각형을 만들었습니다. 성냥개비 67개로는 정사각형을 몇 개 만들 수 있습니까?

9 석기와 예슬이가 가지고 있는 돈의 비가 7:5입니다. 예슬이가 1500원을 가지고 있다면, 석기는 얼마를 가지고 있는지 구하시오.

10 타수에 대한 안타 수의 비율을 '타율'이라고 합니다. 어느 야구 선수의 타율이 0.375일 때, 이 선수가 안타를 45번 쳤다면 타수는 몇 번이었겠는지 구하시오.

11 7분 동안 8.5L의 물이 나오는 수도가 있습니다. 욕조에 76.5L의 물을 받기 위해서는 몇 분 동안 수도를 틀어야 합니까?

① 60분   ② 61분
③ 62분   ④ 63분
⑤ 65분

12 ♠와 ♡ 사이의 대응 관계를 나타낸 표입니다. 빈칸에 알맞은 수를 써넣으시오.

♠	2	3	4	5	6
♡	5	7	9	11	13

♠에 ☐을(를) 곱하고 ☐을(를) 더하면 ♡가 됩니다.

73

1 4분 동안에 6cm가 타는 양초가 있습니다. 이 양초가 33cm 타려면 몇 분 동안 타야 하는지 구하시오.

2 두 원 ㉮, ㉯가 다음과 같이 겹쳐 있습니다. 겹친 부분의 넓이는 ㉮의 $\frac{3}{5}$이고, ㉯의 $\frac{1}{10}$입니다. ㉮와 ㉯의 넓이의 비를 가장 간단한 자연수의 비로 나타내시오.

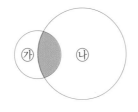

3 똑같은 일을 하는 데 정은이는 3일 걸리고, 재호는 4일이 걸립니다. 두 사람이 일정한 빠르기로 일을 할 때 정은이와 재호가 각각 하루에 하는 일의 양의 비를 가장 간단한 자연수의 비로 나타내시오.

4 현아는 미술 시간에 축척이 1:40000인 마을 지도를 그렸습니다. 우체국에서 은행까지의 거리를 지도에는 6cm로 그렸습니다. 우체국에서 은행까지 실제 거리는 몇 km인지 구하시오.

5 문구점에 장난감 ㉮와 ㉯가 있습니다. ㉮ 장난감의 정가에 60% 이익을 붙여 판매한 금액과 ㉯ 장난감의 정가에서 $\frac{1}{2}$만큼 할인하여 판매한 금액은 같다고 합니다. 두 장난감 ㉮와 ㉯의 정가의 비를 가장 간단한 자연수의 비로 나타내시오.

6 맞물려 돌아가는 두 톱니바퀴 ㉮와 ㉯가 있습니다. ㉮의 톱니 수가 35개이고, ㉯의 톱니 수가 49개일 때, ㉮와 ㉯ 톱니의 회전수의 비를 가장 간단한 자연수의 비로 나타내시오.

7 그림과 같이 사탕을 놓는다면 10번째 모양에는 몇 개의 사탕이 필요합니까?

8 아름이가 귤을 사서 7개 먹고, 남은 것을 아름이와 서은이가 8:3으로 나누었더니 서은이가 21개를 가지게 되었습니다. 아름이가 산 귤은 모두 몇 개인지 구하시오.

9 A와 B가 투자를 하여 이익금으로 150만 원을 얻었습니다. 얻은 이익금을 A와 B가 투자한 금액의 비로 비례배분하여 나누어 줄 때, B가 이익금으로 60만 원을 받았습니다. B가 360만 원을 투자했다면, A는 얼마를 투자했습니까?

10 두 상품 ㉠과 ㉡이 있습니다. 상품 ㉠을 30% 할인하여 판매한 금액과 상품 ㉡을 정가에서 $\frac{1}{5}$ 만큼 할인하여 판매한 금액은 같습니다. 상품 ㉠과 ㉡의 정가의 비를 가장 간단한 자연수의 비로 나타낸 것은 어느 것입니까?

① 5:7   ② 5:8
③ 7:8   ④ 8:5
⑤ 8:7

11 갑은 하루에 3시간씩 5일 동안 일하고 을은 하루에 2시간씩 6일 동안 일을 하였습니다. 일을 한 품삯으로 모두 360000원을 받았습니다. 일한 시간에 비례하여 품삯을 나눌 때 갑은 얼마를 받으면 되겠는지 구하시오.

정해진 답은 없어요!
내용만 맞으면 OK!

개념
테스트

앞에서 공부한 내용을 오래 기억하고 제대로 이해하기 위한 '개념 테스트' 활동을 해 보아요.

❶ 공부한 내용을 떠올리며 개념 테스트를 하세요.
   테스트 진행 중에는 절대로 앞 내용을 보지 않고, 힘들어도 내용을 떠올려 보세요!

❷ 개념 테스트가 끝난 후, 개념 내용을 확인하여 부족하거나 잘못 쓴 내용을 수정하거나 보충하세요.

1. 실생활에서 찾을 수 있는 예를 가지고, 대응 관계를 설명하시오.

2. 비와 비율을 다음의 순서로 예를 들어 설명하시오.

(1) 비

(2) 비율

(3) 백분율

3. 비례식과 비례배분을 다음의 순서로 예를 들어 설명하시오.

(1) 비의 성질

(2) 비례식

(3) 비례배분

III

자료와 가능성

01 여러 가지 그래프

 ★중등 연계 통계, 그래프★

개념 다지기

1 **막대그래프** : 조사한 자료를 막대 모양으로 나타낸 그래프

예 친구들이 좋아하는 운동이 아래 표와 같을 때, 이를 막대그래프로 나타내면 다음과 같습니다.

운동	달리기	축구	농구	줄넘기	배드민턴	합계
학생 수(명)	37	25	21	30	13	126

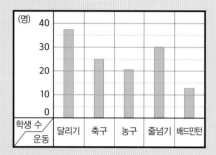

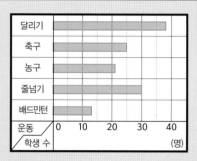

가로 : 운동   세로 : 학생 수

막대의 세로 길이 : 학생 수

세로 눈금 한 칸 : 5명

가로 : 학생 수   세로 : 운동

막대의 가로 길이 : 학생 수

가로 눈금 한 칸 : 5명

2 **꺾은선그래프** : 수량을 점으로 표시하고, 그 점들을 선분으로 이어 그린 그래프

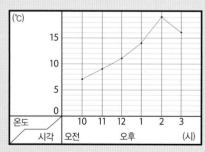

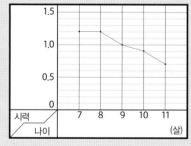

가로 : 시각   세로 : 온도

점의 높이 : 온도

세로 눈금 한 칸 : 1도(℃)

가로 : 나이   세로 : 시력

점의 높이 : 시력

세로 눈금 한 칸 : 0.1

참고

표로 나타내면 편리한 점	그래프로 나타내면 편리한 점
조사한 자료의 정확한 수를 쉽게 알 수 있습니다.	조사한 자료의 항목별 수량을 비교하기 쉽습니다.

[1-2] 승재네 반 학생들이 좋아하는 과일을 조사하여 나타낸 막대그래프입니다. 물음에 답하세요.

좋아하는 과일별 학생 수

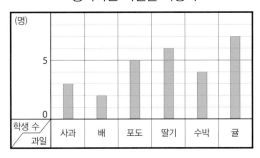

1 수박을 좋아하는 학생은 몇 명입니까?

① 2명   ② 3명   ③ 4명
④ 5명   ⑤ 6명

2 가장 많은 학생이 좋아하는 과일은 무엇입니까?

① 딸기   ② 포도   ③ 귤
④ 수박   ⑤ 사과

3 영수네 반 학생들이 다룰 수 있는 악기를 조사한 표입니다.

악기별 다룰 수 있는 학생 수

악기	피아노	리코더	기타	플루트	바이올린	합계
학생 수(명)	9	6	7	2	4	28

위 표를 다음 막대그래프에 나타내시오.

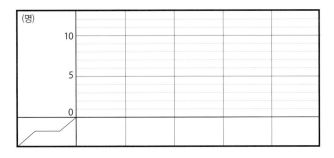

개념 넓히기

 **도수분포표**

1 **도수분포표** (度數 도수 : 반복되는 횟수, 分布 분포 : 일정한 범위에 흩어져 퍼져 있음)

연속적인 변량(變 변할 변, 量 헤아릴 량 : 변화하는 양)을 일정한 범위(계급)로 구분하여, 그 범위에 해당하는 학생 수(도수)를 나타낸 표입니다.

[도수분포표]

몸무게(kg)	학생 수(명)
40^{이상} ~ 45^{미만}	3
45 ~ 50	4
50 ~ 55	12
55 ~ 60	5
60 ~ 65	1
합계	25

예제 **1-1** 다음은 철이 반 학생 50명이 방학 동안 읽은 책의 수를 나타낸 도수분포표입니다. 6권 미만을 읽은 학생은 전체의 몇 %입니까?

책의 수(권)	학생 수(명)
0^{이상} ~ 2^{미만}	10
2 ~ 4	8
4 ~ 6	
6 ~ 8	7
8 ~ 10	9
합계	50

① 15%　　　② 20%　　　③ 32%　　　④ 45%　　　⑤ 68%

❷ 히스토그램과 도수분포다각형

① 히스토그램

히스토그램은 도수분포표의 각 계급의 양끝값을 가로축에 표시하고, 그 계급의 도수를 세로축에 표시하여 직사각형으로 나타낸 그림입니다.

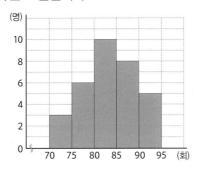

② 도수분포다각형

히스토그램에서 각 직사각형의 윗변의 중앙의 점을 차례로 선분으로 연결하고, 양끝에 도수가 0인 계급을 하나씩 추가하여 그 중앙의 점과 연결하여 그린 다각형 모양의 그래프입니다.

(도수분포다각형과 가로축으로 둘러싸인 부분의 넓이)=(히스토그램의 각 직사각형의 넓이의 합)
=(계급을 나눈 구간의 너비)×(도수의 총합)

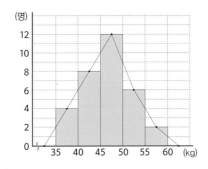

[예제] 2-1 다음 도수분포표를 히스토그램과 도수분포다각형으로 나타내시오.

나이(세)	도수(명)
$10^{이상} \sim 20^{미만}$	3
20 ~ 30	5
30 ~ 40	8
40 ~ 50	4
합계	20

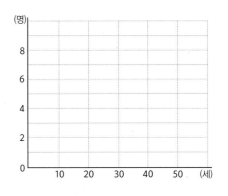

02 평균과 가능성

개념 다지기

1 평균(平 평평할 평 均 고를 균)

(1) 평균 : 각 자료의 값을 모두 더해 자료의 수로 나눈 값

(2) 여러 자료의 값을 하나의 대표하는 수로 나타내는 방법은 여러 가지가 있습니다. 초등 학교에서는 이 방법들 중 하나로 평균을 배웁니다.

$$(평균) = (자료\ 값을\ 모두\ 더한\ 수) \div (자료의\ 수) = \frac{(자료\ 값을\ 모두\ 더한\ 수)}{(자료의\ 수)}$$

(3) 모든 자료 값을 더한 수를 자료의 수로 '나누기'했으므로, 각각의 자료 값을 똑같이 만들었을 때 나오는 수가 평균입니다.

예 다음은 다섯 학생의 한 달 간 독서량을 나타낸 막대 그래프입니다.

자료 값(독서량)을 모두 더하면

4+3+3+1+4=15(권)이고,

자료의 수(학생 수)로 나누면 15÷5=3이 되므로

독서량의 평균은 3(권)이 됩니다.

평균은 모든 막대의 넓이를 평평하게 했을 때 나오는 수를 말합니다.

위 계산의 결과를 '다섯 학생은 한 달에 평균 3권의 책을 읽는다.'라고 말합니다.

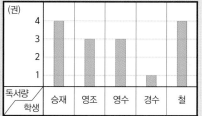

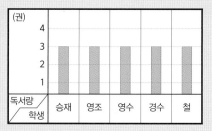

예 다음은 우리 반 학생 20명의 필통에 있는 연필의 수를 나타낸 표입니다.

연필 수(개)	1	2	3	4	5	합계
학생 수(명)	3	4	9	3	1	20

위 표에서 평균을 계산하면 $\dfrac{1 \times 3 + 2 \times 4 + 3 \times 9 + 4 \times 3 + 5 \times 1}{20} = 2.75$

이 자료를 간단히 하나의 수로 표현하여 우리 반 학생들의 필통에는 평균 2.75개의 연필이 들어 있다고 말할 수 있습니다.

1 다음 표는 영수와 친구들의 가족 구성원 수를 조사한 것입니다. 자료를 해석한 설명 ㉠, ㉡, ㉢ 중 평균에 대한 내용을 고르시오.

이름	영수	승재	영조	경수	철
가족 구성원 수(명)	3	5	2	4	6

> ㉠ 가장 높은 자료의 값인 6명으로 정합니다.
> ㉡ 가장 낮은 자료의 값인 2명으로 정합니다.
> ㉢ 각 자료 3, 5, 2, 4, 6을 고르게 하면 4, 4, 4, 4, 4이므로 4명으로 정합니다.

2 다음은 어느 날 학교 운동장에서 기온을 측정한 표입니다. 이날의 평균 기온을 구하시오.

시각	오전 3시	오전 9시	오후 3시	오후 9시	12시(자정)
온도(°C)	9.5	15.3	20.6	18.2	11.4

3 다음은 승재가 하루에 푼 문제 수를 정리한 표입니다. 승재가 5일 동안 하루 평균 5문제를 풀었다면 5일째는 몇 문제를 풀었는지 구하시오.

일	1일	2일	3일	4일	5일
문제 수	3	5	4	6	

2 가능성(可 옳을 가 能 능할 능 性 성품 성)

(1) **가능성** : 어떤 상황에서 특정한 일이 일어나기를 기대할 수 있는 정도

일이 일어날 가능성을 수로 표현해 봅시다.

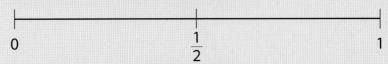

일어날 가능성이 없는 일은 숫자 0으로

무조건 일어나는 일은 숫자 1로 표현합니다.

→ 0에 가까울수록 가능성이 적고 1에 다가갈수록 가능성이 큽니다.

예 아래 그림과 같이 회전판 (가), (나), (다)가 있습니다.

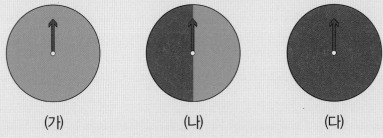

(가)   (나)   (다)

각각의 가능성을 말로 표현한 것을 수로 표현해 보세요.

1) (가)에서 화살표가 빨간색에 멈추는 것은 **불가능**하다.

⇒ (가)에서 화살표가 빨간색에 멈출 가능성은 0이다.

2) (나)에서 화살표가 빨간색에 멈출 가능성은 **반반**이다.

⇒ (나)에서 화살표가 빨간색에 멈출 가능성은 $\frac{1}{2}$이다.

3) (다)에서 화살표가 빨간색에 멈추는 것은 **당연(확실)**하다.

⇒ (다)에서 화살표가 빨간색에 멈출 가능성은 1이다.

개념 확인

4 주머니에 1에서 10까지 숫자가 각각 적힌 카드가 10장 있다. 이 주머니에서 한 장의 카드를 임의로 뽑을 때, 그 카드의 숫자가 짝수일 가능성을 수로 나타낸 것은?

① $\frac{1}{3}$　　　② $\frac{2}{3}$　　　③ $\frac{1}{2}$　　　④ $\frac{1}{4}$　　　⑤ $\frac{1}{6}$

5 상자에 5개의 검은 공과 3개의 흰 공이 들어 있습니다. 상자 안을 보지 않고 한 개의 공을 꺼낼 때 흰 공을 뽑을 가능성과, 상자 안을 보면서 공을 꺼낼 때 흰 공을 뽑을 가능성을 바르게 짝지은 것은?

① $\frac{1}{2}$ 보다 크다, $\frac{1}{2}$　　　② $\frac{1}{2}$ 보다 작다, $\frac{1}{2}$　　　③ $\frac{1}{2}$, $\frac{1}{2}$

④ $\frac{1}{2}$ 보다 작다, 1　　　⑤ $\frac{1}{2}$ 보다 크다, 1

6 다음 보기의 사건 중 일어날 가능성이 확실한 것은 몇 개입니까?

> **보기**
>
> ㄱ. 오늘은 하늘에서 수박만 한 우박이 떨어질 것입니다.
> ㄴ. 동전을 던지면 숫자가 있는 면이 나올 것입니다.
> ㄷ. 내일은 해가 동쪽에서 뜰 것입니다.
> ㄹ. 이번 시험에선 꼭 백 점을 맞을 것입니다.

① 0개　　　② 1개　　　③ 2개　　　④ 3개　　　⑤ 4개

7 다음 사건이 일어날 가능성을 알맞게 이야기한 것은?

> 동전을 던지면 그림이 있는 면이 나올 것입니다.

① 불가능하다.　　　② 가능성이 작다.
③ 가능성이 반반이다.　　　④ 가능성이 크다.
⑤ 확실하다.

① 도수분포표에서의 평균

다음은 학생 9명의 수학 점수를 점수가 낮은 순에서 높은 순으로 나열한 것입니다.

50점 60점 60점 70점 70점 70점 80점 80점 90점

9명의 수학 점수의 평균은 $\dfrac{50+60+60+70+70+70+80+80+90}{9}=70$(점)입니다.

위 점수의 분포에서 같은 점수를 묶어서 다음과 같이 도수분포표로 나타낼 수 있습니다.

점수(점)	50	60	70	80	90
사람 수	1	2	3	2	1

이때 수학 점수의 평균은 다음과 같이 구할 수 있습니다.

$$\frac{50\times1+60\times2+70\times3+80\times2+90\times1}{9}=70(점)$$

예제 1-1 아래의 표는 남학생 25명의 턱걸이 횟수를 조사하여 만들었습니다. 턱걸이 횟수의 평균을 구하시오.

턱걸이(회)	1	2	3	4	5	6	합계
학생 수(명)	3	5	6	7	3	1	25

예제 1-2 아래 표는 어느 학급 학생들이 일주일 동안 독서한 시간을 조사한 도수분포표입니다. 독서 시간의 평균을 구하시오.

독서 시간(시간)	학생 수(명)
0^{이상} ~ 2^{미만}	4
2 ~ 4	5
4 ~ 6	6
6 ~ 8	4
8 ~ 10	1
합계	20

❖ 계급은 범위(구간)로 주어지므로, 평균을 구할 때는 계급값을 이용합니다.

예) 4 이상 6 미만인 계급의 계급값은 $\dfrac{4+6}{2}=5$입니다.

❷ 경우의 수

❶ 사건

동전 던지기, 주사위 던지기와 같이 같은 조건에서 반복할 수 있는 실험이나 관찰에 의하여 일어나는 결과를 말합니다.

❷ 경우의 수 : 어떤 사건이 일어날 수 있는 모든 경우의 가짓수

주사위를 던진다면 1에서 6까지 6가지의 서로 다른 결과(사건)가 나옵니다. 이것을 줄여서 '주사위 하나를 던질 때 나오는 경우의 수는?'이라는 질문을 '주사위 하나를 계속 던지면 몇 가지의 서로 다른 결과가 나올까?'로 해석할 수 있습니다.

❸ 경우의 수 구하기

(1) 두 사건이 동시에 일어나지 않는 경우, 각각의 경우의 수를 더하여 구합니다.

　📖 편의점에 갔더니 가진 돈으로 살 수 있는 과자가 3종류, 음료수가 2종류 있었습니다. 하나를 골라 살 경우의 수는 3+2=5(가지)입니다.

(2) 두 사건이 동시에 일어나는 경우, 각각의 경우의 수를 곱하여 구합니다.

　📖 다음 날 다시 편의점에 갔습니다. 이번에는 과자 3종류와 음료수 2종류 중 각각 하나씩 사려고 합니다. 과자 하나와 음료수 하나를 살 경우의 수는 3×2=6(가지)입니다.

예제 2-1 다음을 읽고, 물음에 답하시오.

(1) 똑같은 동전 2개를 던질 때 경우의 수를 구하시오.

(2) 서로 다른 두 동전을 던질 때 경우의 수를 구하시오.

예제 2-2 주머니 속에 빨간색 공이 3개, 파란색 공이 2개 들어 있습니다. 주머니에서 한 개의 공을 꺼낼 때 나오는 공의 색깔의 경우의 수를 구하시오. (단, 빨간색 공과 파란색 공은 모양과 크기가 똑같습니다.)

개념 넓히기

3 가능성(확률)

초등수학에서 '가능성'이라는 개념을 확장하여 중등수학에서는 '확률'을 배웁니다.

1 확률 : $\dfrac{\text{특정 사건이 일어나는 경우의 수}}{\text{일어날 수 있는 모든 경우의 수}}$

2 다양한 상황에서의 확률

(1) 주사위를 던졌을 때 짝수의 눈이 나올 확률

일어날 수 있는 모든 경우의 수(1~6)가 6가지이고, 이 중에서 짝수는 3개(2, 4, 6)이므로

$\dfrac{3}{6} = \dfrac{1}{2}$ 입니다.

(2) 흰 공 3개, 검은 공 7개가 들어 있는 주머니에서 1개의 공을 꺼냈을 때, 흰 공이 나올 확률

10개의 공 중에서 흰 공이 3개 있으므로, 흰 공이 나올 확률은 $\dfrac{3}{10}$ 입니다.

(3) 서로 다른 동전 2개를 던졌을 때, 같은 면이 나올 확률

나올 수 있는 모든 경우는 (앞면, 앞면), (앞면, 뒷면), (뒷면, 앞면), (뒷면, 뒷면)의 총 4가지이고, 이 중에서 동전 2개가 같은 면이 나오는 경우는 (앞면, 앞면), (뒷면, 뒷면)의 2가지이므로 같은 면이 나올 확률은 $\dfrac{2}{4} = \dfrac{1}{2}$ 입니다.

> **참고**
>
> 경우의 수에서 서로 같은 두 개의 동전을 던질 때 경우의 수는 3가지이고, 서로 다른 두 개의 동전을 던질 때 경우의 수는 4가지입니다. 확률에서는 두 동전을 서로 다른 것으로 하여 일어날 수 있는 모든 경우의 수는 4로 계산합니다. 실제로 두 동전을 던지면 둘 다 앞면이나 뒷면이 나오는 경우보다 하나가 앞면, 나머지 하나가 뒷면인 경우가 더 많이 나옵니다. 우리가 계산한 확률이 우리의 상식과 맞게 하기 위해 확률에서는 분모의 모든 경우의 수를 구할 때 동전을 모두 다른 것으로 생각합니다. 자세한 내용은 고등 과정 확률에서 다루게 됩니다.

예제 3-1 주머니 속에 흰 구슬 3개, 파란 구슬 4개, 검은 구슬 □개가 들어 있습니다. 구슬 한 개를 꺼낼 때, 흰 구슬일 확률이 $\frac{1}{4}$이라 할 때, □ 안에 알맞은 수를 구하시오.

예제 3-2 서로 다른 2개의 주사위를 동시에 던질 때, 나온 눈의 합이 5 미만일 확률을 구하시오.

예제 3-3 다음은 몬티홀 문제(Monty Hall problem)입니다. 미국의 TV 프로그램 'Let's Make a Deal'에서 유래하여 프로그램의 사회자 몬티홀의 이름을 딴 문제입니다. 내용을 읽고 물음에 답하시오.

> 세 개의 문 중에 하나를 선택하여 문 뒤에 있는 선물을 가질 수 있는 게임쇼가 있습니다. 하나의 문 뒤에는 고급 스포츠카가 있고, 나머지 두 문 뒤에는 염소가 있습니다. 참가자는 세 개의 문 중에서 1번 문을 골랐고, 문 뒤에 뭐가 있는지 알고 있는 사회자가 3번 문을 열어 염소가 있음을 보여 준 후, 1번 문 대신 2번 문을 선택하겠냐고 묻습니다. 이때 참가자는 처음에 골랐던 1번 문을 그대로 유지하는 것이 유리할지, 아니면 남아 있는 2번 문으로 선택을 바꾸는 것이 유리할지 답하시오.

1 다음을 읽고, 물음에 답하시오.

> ㉠ 조사한 항목별 수량의 많고 적음을 한 눈에 비교하기 쉽습니다.
> ㉡ 항목별로 정확한 수량을 알아보기 쉽습니다.
> ㉢ 전체적인 경향을 쉽게 알아볼 수 있습니다.
> ㉣ 조사한 전체의 수량을 알아보기 쉽습니다.

(1) 표로 나타냈을 때 편리한 것을 모두 찾아 기호를 쓰시오.

(   )

(2) 막대그래프로 나타냈을 때 편리한 것을 모두 찾아 기호를 쓰시오.

(   )

2 서점별로 한 달 동안 판매된 책의 수를 나타낸 표입니다. 네 서점의 책 판매량의 평균보다 평균을 5권 더 높이려면 마 서점의 판매량은 몇 권이어야 합니까?

서점별 책 판매량

서점	가	나	다	라	마
책 판매량(권)	260	230	300	150	

(   )

3 지민이네 학교 학생들이 가고 싶어 하는 산을 조사하여 나타낸 막대그래프입니다. 다음 중 옳은 것의 기호를 쓰시오.

〈학생들이 가고 싶어 하는 산〉

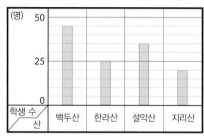

> ㉠ 백두산을 가고 싶어 하는 학생은 한라산을 가고 싶어 하는 학생의 2배입니다.
> ㉡ 설악산을 가고 싶어 하는 학생은 27명입니다.
> ㉢ 지리산을 가고 싶어 하는 학생 수가 가장 적습니다.

(   )

4 시영이네 반 학생들이 좋아하는 음식을 조사하여 나타낸 표입니다.

〈학생들이 좋아하는 음식별 학생 수〉

음식	토스트	피자	햄버거	애플파이	합계
학생 수 (명)	6	14		8	40

위의 표를 막대그래프로 나타낼 때 학생 수를 나타내는 눈금은 적어도 몇 명까지 나타낼 수 있어야 합니까?

① 12명   ② 13명   ③ 14명
④ 15명   ⑤ 16명

5 반별로 상을 받은 학생 수를 나타낸 그래프입니다. 물음에 답하시오.

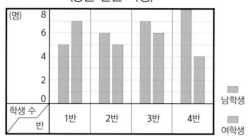

〈상을 받은 학생〉

(1) 여학생이 상을 가장 많이 받은 반은 어느 반입니까?

( )

(2) 남학생이 여학생보다 상을 더 많이 받은 반을 모두 찾아 쓰시오.

( )

6 어느 지역의 산부인과별 하루 동안 태어난 신생아의 남아 수와 여아 수를 각각 조사하여 나타낸 막대그래프를 보고 표의 빈칸을 바르게 채우지 않은 것을 모두 고르면?

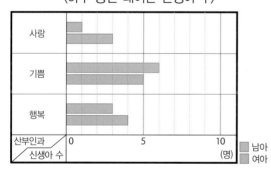

〈하루 동안 태어난 신생아 수〉

산부인과	사랑	기쁨	행복	합계
남아 수(명)	①	6	③	④
여아 수(명)	3	②	4	⑤

① 1   ② 3   ③ 4
④ 10   ⑤ 12

7 일주일 동안 수진이의 매달리기 기록을 재어 표로 나타낸 것입니다. 매달리기 기록이 가장 많이 좋아진 때는 언제인지 고르시오.

〈수진이의 매달리기 기록〉

요일	월	화	수	목	금	토	일
매달리기 기록(초)	13	11	14	19	26	29	31

① 월요일과 화요일 사이
② 화요일과 수요일 사이
③ 수요일과 목요일 사이
④ 목요일과 금요일 사이
⑤ 금요일과 토요일 사이

8 지온의 변화가 가장 심한 것은 몇 시와 몇 시 사이입니까?

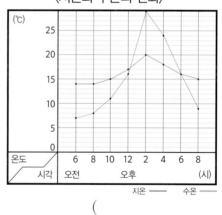

〈지온과 수온의 변화〉

지온 ── 수온 ──

( )

9 일이 일어날 가능성이 '확실하다'로 나타낼 수 있는 상황과 '불가능하다'로 나타낼 수 있는 상황을 주변에서 찾아 써 보시오.

• _____

• _____

91

개념 테스트

앞에서 공부한 내용을 오래 기억하고 제대로 이해하기 위한 '개념 테스트' 활동을 해 보아요.

❶ 공부한 내용을 떠올리며 개념 테스트를 하세요.
   테스트 진행 중에는 절대로 앞 내용을 보지 않고, 힘들어도 내용을 떠올려 보세요!

❷ 개념 테스트가 끝난 후, 개념 내용을 확인하여 부족하거나 잘못 쓴 내용을 보충하세요.

1. 막대그래프와 꺾은선그래프에 대해 서로 비교하여 설명하시오.

2. 표와 그래프에 대해 서로 비교하여 설명하시오.

3. 평균에 대해 구체적인 예를 들어 설명하시오.

4. 가능성이 0인 사건과 $\frac{1}{2}$인 사건, 1인 사건을 구체적인 예를 들어 설명하시오.

IV

도형과 측정

01 기본 도형

개념 다지기

1 **도형**(圖 그림 도 形 모양 형)

점을 연결하여 선을 만들고, 선을 연결하여 면을 만듭니다.

점, 선, 면을 수학에서는 모두 도형이라 부릅니다.

2 **서로 다른 두 점으로 만드는 선의 종류**

(1) 선분 ㄱㄴ : 아래 그림과 같이 두 점을 곧게 이은 선을 선분이라고 합니다.

> **참고** 선분 ㄱㄴ은 기호로 $\overline{ㄱㄴ}$으로 표시할 수 있습니다.

(2) 반직선 ㄱㄴ : 한 점에서 시작하여 한쪽으로 끝없이 늘인 곧은 선을 반직선이라고 합니다. 비슷해 보이지만, 한쪽은 끝없이 늘어나는 선이므로 반직선 ㄱㄴ과 반직선 ㄴㄱ은 아래 그림처럼 완전히 다릅니다.

반직선 ㄱㄴ   ㄱ ⎯⎯⎯ ㄴ ⎯⎯⎯⎯⎯⎯

반직선 ㄴㄱ   ⎯⎯⎯⎯⎯⎯ ㄱ ⎯⎯⎯ ㄴ

(3) 직선 ㄱㄴ : 선분 ㄱㄴ을 양쪽으로 끝없이 늘인 곧은 선을 직선이라고 합니다.

아래 그림처럼 점 ㄱ과 점 ㄴ을 지나는 직선을 직선 ㄱㄴ 또는 직선 ㄴㄱ이라고 합니다.

⎯⎯⎯ ㄱ ⎯⎯⎯ ㄴ ⎯⎯⎯

3 **각**(角 뿔 각)

한 점에서 그은 두 반직선으로 이루어진 도형입니다.

(1) 다음 그림의 각을 각 ㄱㄴㄷ 또는 각 ㄷㄴㄱ이라 합니다.

이때 점 ㄴ을 각의 꼭짓점이라고 하고, 반직선 ㄴㄱ과 반직선 ㄴㄷ을 각의 변이라 합니다.

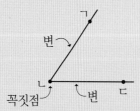

> **참고** 각 ㄱㄴㄷ을 줄여서 각 ㄴ이라 부르고 기호로 ∠ㄴ이라 씁니다.

1 바르게 설명한 것을 모두 찾아 기호를 쓰시오.

> **보기**
> ㄱ. 한 점을 지나는 직선은 무수히 많습니다.
> ㄴ. 점은 넓이를 갖지 않으므로 도형이 아닙니다.
> ㄷ. 서로 다른 세 점 중 두 점을 양 끝점으로 하는 선분은 3개입니다.
> ㄹ. 서로 다른 세 점 중 두 점을 지나는 서로 다른 직선은 3개입니다.
> ㅁ. 각의 크기는 180도를 넘을 수 없습니다.

2 다음 그림에서 반직선 ㄱㄹ과 반직선 ㄷㄴ의 공통부분을 바르게 나타낸 것은?

① 선분 ㄱㄷ   ② 선분 ㄴㄷ   ③ 선분 ㄱㄹ   ④ 반직선 ㄱㄷ   ⑤ 반직선 ㄷㄱ

3 네 점 ㄱ, ㄴ, ㄷ, ㄹ은 같은 거리만큼씩 떨어져 있습니다. 다음 그림에서 반직선 ㄱㄴ과 같은 것과 선분 ㄱㄴ과 같은 것을 모두 찾아 쓰시오.

(1) 반직선 ㄱㄴ과 같은 것 :
(2) 선분 ㄱㄴ과 같은 것 :

4 한 직선 위에 서로 다른 세 점 ㄱ, ㄴ, ㄷ이 있을 때, 다음 중 옳은 것은?

① (직선 ㄱㄴ)＝(직선 ㄴㄷ)
② (반직선 ㄱㄴ)＝(반직선 ㄴㄷ)
③ (선분 ㄱㄴ)＝(선분 ㄱㄷ)
④ (선분 ㄱㄴ)＝(선분 ㄴㄷ)
⑤ (반직선 ㄷㄴ)＝(반직선 ㄴㄷ)

개념 다지기

(2) 각의 종류

① 평각(平 평평할 평 角 뿔 각) : 각의 두 변이 꼭짓점을 중심으로 반대쪽에 있고 한 직선을 이루는 각, 크기가 180°인 각

② 직각(直 곧을 직 角 뿔 각) : 평각의 크기의 $\frac{1}{2}$인 각. 즉, 크기가 90°인 각

③ 예각(銳 날카로울 예 角 뿔 각) : 크기가 0°보다 크고 직각보다 작은 각

④ 둔각(鈍 무딜 둔 角 뿔 각) : 크기가 직각보다 크고 180°보다 작은 각

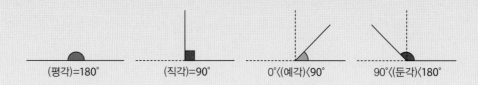

4 수직과 수선

(1) 수직 : 두 직선이 이루는 각이 직각일 때, 두 직선은 서로 수직이라고 합니다.

(2) 수선 : 두 직선이 서로 수직일 때, 한 직선을 다른 직선의 수선이라 합니다.

(3) 수선의 발 : 수선과 직선이 만나는 점을 수선의 발이라 합니다.

(4) 한 점과 직선 간의 거리 : 한 점과 한 점에서 직선에 내린 수선의 발을 잇는 선분의 길이를 한 점과 직선 간의 거리라 합니다.

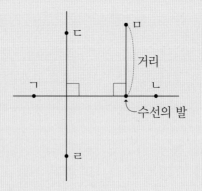

• 직선 ㄱㄴ과 직선 ㄷㄹ이 서로 수직일 때, (직선 ㄱㄴ) ⊥ (직선 ㄷㄹ)이라고 나타냅니다.

• 직선에 수선을 긋는 것을 수선의 발을 내린다고 합니다.

• 거리는 일반적으로 두 도형 위의 임의의 점을 이은 선분 중 가장 짧은 선분의 길이가 됩니다.

5 다음 보기의 각 중에서 예각은 □개, 둔각은 □개 있습니다. □ 안의 두 수의 합을 구하시오.

보기

30°   90°   60°   45°   180°   145°   120°   175°

6 다음은 직사각형 모양의 종이를 접은 것입니다. 각 ㄴㅂㅁ의 크기는 몇 도입니까?

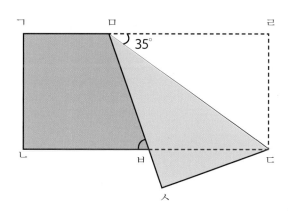

(   )

7 다음 그림과 같이 시계가 4시 45분을 가리킬 때, 시침과 분침이 이루는 각 중 작은 쪽의 각의 크기를 구하시오.

① 125° ② 127.5° ③ 130°
④ 132.5° ⑤ 134.5°

개념 넓히기

① 선분(직선) 개수 구하기

오른쪽 그림과 같이 6개의 점이 있습니다. (문제에서는 '어떠한 세 점도 같은 직선 위에 있지 않다.'라고 말합니다.)

이때 각각의 점을 연결하여 그을 수 있는 서로 다른 선분의 개수를 두 가지 방법으로 구해 보겠습니다.

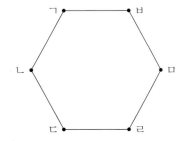

|방법1| 점 ㄱ, ㄴ, ㄷ, ㄹ, ㅁ, ㅂ의 순서로 그을 수 있는 모든 선분을 그려 봅시다.

점 ㄱ에서 그을 수 있는 선분은 ㄱㄴ, ㄱㄷ, ㄱㄹ, ㄱㅁ, ㄱㅂ 5개, 점 ㄴ에서 그을 때는 선분 ㄱㄴ은 이미 그려져 있으므로 4개, 마찬가지로 점 ㄷ에서는 3개, 점 ㄹ에서는 2개, 점 ㅁ에서는 1개, 점 ㅂ에서는 0개의 선분을 그을 수 있습니다. 따라서 점이 6개일 때 그을 수 있는 전체 선분의 개수는 5+4+3+2+1=15개입니다. (점이 3개일 때, 4개일 때도 직접 그려 보며 방법을 익혀 둡시다.)

|방법2| 한 점에서 그을 수 있는 모든 선은 5개이고, 점이 총 6개 있으므로 전체 선분의 개수는 6×5=30개입니다.

이때 선분 ㄱㄴ은 점 ㄱ에서도 그을 수 있고, ㄴ에서도 그을 수 있습니다. 마찬가지로 선분 ㄱㄷ은 점 ㄱ에서도 그을 수 있고, 점 ㄷ에서도 그을 수 있습니다. 이렇듯 모든 선분은 두 점의 순서를 바꿔 가며 두 번씩(예를 들어, 선분 ㄱㄴ 과 선분 ㄴㄱ, 선분 ㄱㄷ 과 선분 ㄷㄱ) 중복으로 세게 됩니다. 따라서 전체 선분의 개수는 30의 절반인 15개입니다.

예제 1-1 어떠한 세 점도 같은 직선 위에 있지 않은 8개의 점이 있습니다. 이 점들을 이어 만들 수 있는 직선은 몇 개입니까?

① 20개   ② 23개   ③ 26개   ④ 28개   ⑤ 30개

❷ 각의 개수 구하기

각은 한 점에서 그은 두 반직선으로 이루어진 도형이므로, 아래와 같은 모양입니다.

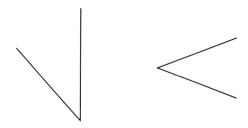

이를 바탕으로 다음 도형에서 찾을 수 있는 모든 각의 개수를 구해 보겠습니다.

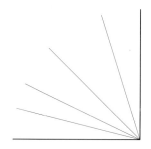

각의 개수를 구하기 위해 아래와 같이 ㉠, ㉡, ㉢, ㉣, ㉤의 총 5개의 작은 각들을 찾습니다.

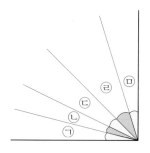

- 각 1개짜리 : ㉠, ㉡, ㉢, ㉣, ㉤으로 5개
- 각 2개짜리 : ㉠+㉡, ㉡+㉢, ㉢+㉣, ㉣+㉤으로 4개
- 각 3개짜리 : ㉠+㉡+㉢, ㉡+㉢+㉣, ㉢+㉣+㉤으로 3개
- 각 4개짜리 : ㉠+㉡+㉢+㉣, ㉡+㉢+㉣+㉤으로 2개
- 각 5개짜리 : ㉠+㉡+㉢+㉣+㉤으로 1개

이 도형에서 찾을 수 있는 모든 각의 개수는 선분이 6개이고 선분 사이의 공간이 5개 생길 때, 5+4+3+2+1=15(개)입니다. 마찬가지로 선분이 10개일 때는 선분 사이의 공간이 9개 생기므로 전체 각의 개수는 9+8+7+6+5+4+3+2+1=45(개)입니다.

예제 2-1 오른쪽 그림은 직선 위의 한 점에서 모두 같은 간격으로 선분을 그은 것입니다. 그림에서 예각은 둔각보다 몇 개 더 많은지 구하시오.

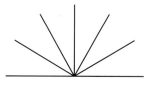

02 평면도형

개념 다지기

1 평행선(平 평평할 평 行 갈 행)

(1) 평행 : 한 직선에 수직인 두 직선을 그었을 때, 그 두 직선은 서로 만나지 않습니다. 이와 같이 서로 만나지 않는 두 직선을 평행하다고 합니다.

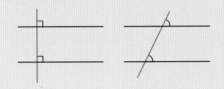

(2) 평행선 : 평행한 두 직선을 평행선이라고 합니다.

(3) 평행선 사이의 거리 : 직선 위 임의의 한 점에서 다른 직선에 수선을 긋습니다. 이때 이 선분의 길이를 평행선 사이의 거리라고 합니다.

(4) 평행선 사이에 그은 선분 중에서 길이가 가장 짧은 선분은 수선입니다.

(5) 오른쪽 그림과 같이 평행선 사이의 거리는 어디에서도 같습니다.

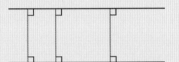

(6) 한 직선 위의 두 점에서 다른 직선까지의 거리가 같으면 두 직선은 서로 평행합니다.

▶ 수선의 길이 = 평행선 사이의 거리

2 합동(合 합할 합 同 한가지 동)

(1) 합동

① 모양과 크기가 같아서 포개었을 때 완전히 겹치는 두 도형을 서로 합동이라고 합니다.

② 서로 합동인 두 도형을 완전히 포개었을 때, 겹치는 점, 변, 각을 대응점, 대응변, 대응각이라고 합니다.

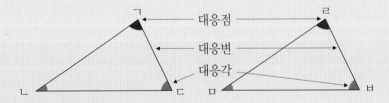

(2) 합동인 도형의 성질

① 각각의 대응변의 길이가 서로 같습니다.

② 각각의 대응각의 크기가 서로 같습니다.

③ 합동인 두 도형의 넓이는 같지만 넓이가 같다고 합동인 것은 아닙니다.

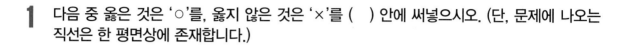

개념 확인

1 다음 중 옳은 것은 'O'를, 옳지 않은 것은 '×'를 ( ) 안에 써넣으시오. (단, 문제에 나오는 직선은 한 평면상에 존재합니다.)

(1) 평행한 두 직선은 만나지 않습니다. (   )

(2) 서로 만나지 않는 두 선분은 평행합니다. (   )

(3) 두 평행선 사이의 거리는 두 평행선을 잇는 선분의 길이와 같습니다. (   )

(4) 네 변의 길이가 서로 같은 사각형은 합동입니다. (   )

(5) 세 변의 길이가 서로 같은 삼각형은 합동입니다. (   )

2 다음 그림과 같이 같은 간격으로 떨어져 있는 9개의 점이 있습니다. 이 점 중 두 점을 지나는 직선을 만들 때 이 중 서로 평행한 것을 모두 구하시오.

```
ㅅ•    ㅇ•    ㅈ•

ㄹ•    ㅁ•    ㅂ•

ㄱ•    ㄴ•    ㄷ•
```

3 두 직선 가와 나는 서로 평행합니다. □ 안에 알맞은 수를 써넣으시오.

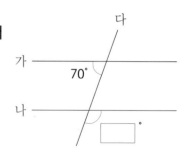

4 다음 도형에서 삼각형 ㄱㄴㄷ과 삼각형 ㄹㄷㄴ은 합동입니다. 각 ㉮의 크기를 구하시오.

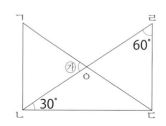

3 삼각형(三 석 삼 角 뿔 각 形 모양 형)

한 평면상에 있고 일직선상에 없는 3개의 점을 선분으로 연결하여 이루어지는 도형입니다.

삼각형의 세 각의 크기의 합은 180°입니다.

(1) 삼각형의 종류

① 변의 길이에 따라 분류하기

이등변삼각형	정삼각형
두 변의 길이가 같은 삼각형 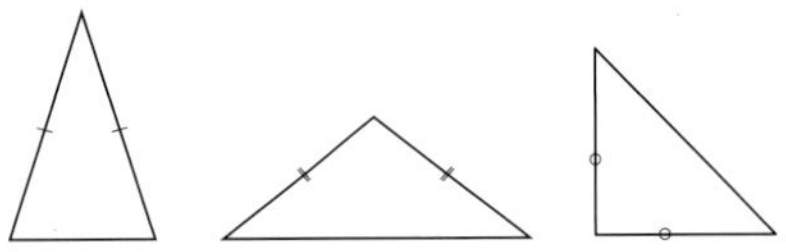	세 변의 길이가 같은 삼각형 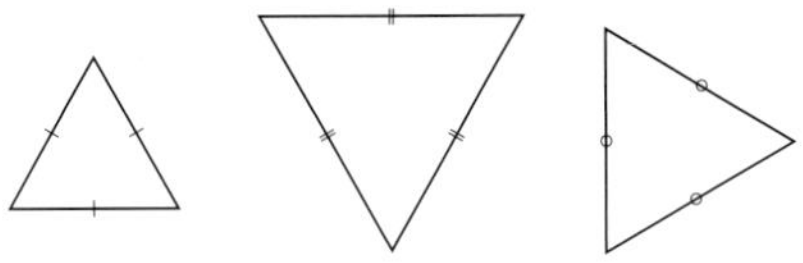

정삼각형은 크기는 달라도 모양은 모두 같습니다.

• 정삼각형은 세 변의 길이가 같으므로 두 변의 길이가 같은 이등변삼각형도 됩니다.

  하지만 이등변삼각형은 정삼각형이 아닐 수 있습니다.

• 이등변삼각형은 두 변의 길이가 같고 두 각의 크기가 같습니다.

• 정삼각형은 세 변의 길이가 같고 세 각의 크기가 같습니다.

• 삼각형의 세 각의 크기의 합은 180°이므로 정삼각형의 한 각의 크기는

  $180° \div 3 = 60°$입니다.

② 각의 크기에 따라 분류하기

예각삼각형	둔각삼각형	직각삼각형
세 각이 모두 예각인 삼각형	한 각이 둔각인 삼각형	한 각이 직각인 삼각형
	삼각형의 세 각의 크기의 합은 180°이므로 둔각삼각형은 한 각만 둔각이어야 합니다.	

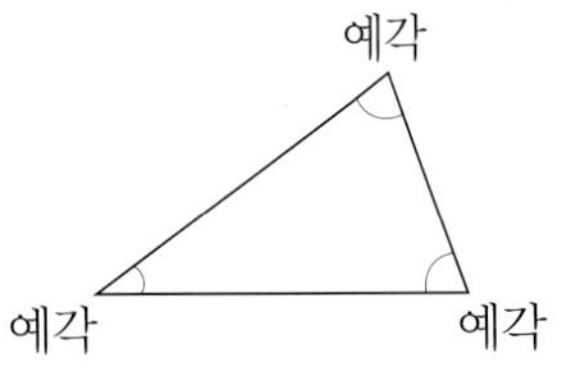

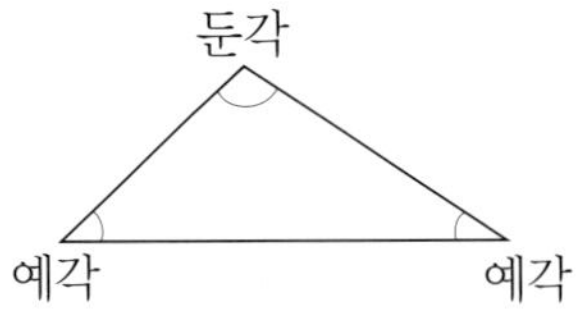

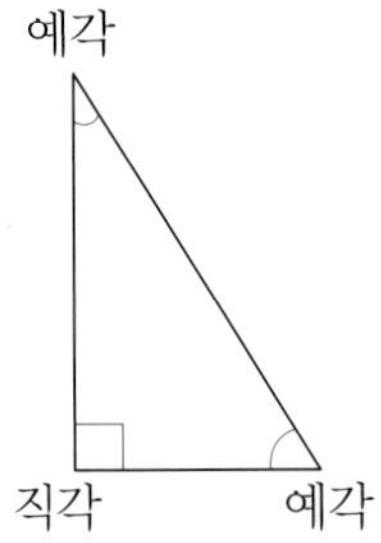

개념 확인

5 모눈 종이 위에 그린 그림에서 찾을 수 있는 크고 작은 둔각삼각형은 모두 몇 개입니까?

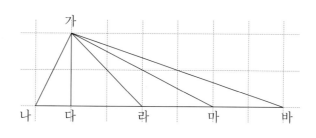

(   )

6 둘레의 길이가 42cm인 이등변삼각형을 만들어 한 변의 길이를 측정했더니 12cm였습니다. 나머지 변 중 12cm가 아닌 변의 길이를 모두 구하시오.

7 □ 안에 알맞은 각도를 써넣으시오.

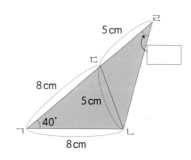

8 다음 중 둔각삼각형의 한 각이 될 수 없는 것은 어느 것입니까?

① 100°   ② 90°   ③ 45°   ④ 175°   ⑤ 85°

Ⅳ. 도형과 측정

4 사각형(四 넉 사 角 뿔 각 形 모양 형)

한 평면상에 있는 4개의 점을 선분으로 연결하여 이루어지는 도형입니다.

사각형의 네 각의 크기의 합은 360°입니다.

(1) 정사각형과 직사각형

　① 정사각형 : 네 변의 길이가 모두 같고 이웃하는 두 변이 직각인 사각형

　　•네 변의 길이가 모두 같습니다.

　　•네 각이 모두 직각입니다.

　　•두 대각선의 길이가 서로 같습니다.

　　•두 대각선이 직각입니다.

　　•대각선이 서로를 이등분합니다.

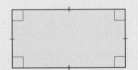

　② 직사각형 : 네 각이 모두 직각인 사각형

　　•마주 보는 변의 길이가 각각 같습니다.

　　•네 각이 모두 직각입니다.

　　•두 대각선의 길이가 서로 같습니다.

　　•대각선이 서로를 이등분합니다.

(2) 여러 가지 사각형

　① 사다리꼴 : 평행한 변이 한 쌍 이상 있는 사각형

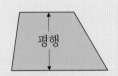

평행

　② 평행사변형 : 마주 보는 두 쌍의 변이 서로 평행한 사각형

　　•마주 보는 두 변의 길이가 같습니다.

　　•마주 보는 두 각의 크기가 같습니다.

　　•이웃한 두 각의 크기의 합은 180°입니다.

　　•대각선이 서로를 이등분합니다.

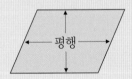

평행

　③ 마름모 : 네 변의 길이가 같은 사각형

　　•마주 보는 두 쌍의 변이 서로 평행합니다.

　　•마주 보는 두 각의 크기가 같습니다.

　　•이웃한 두 각의 크기의 합이 180°입니다.

　　•대각선이 서로를 수직이등분합니다.

참고 다각형 혹은 다면체에서 꼭짓점을 이은 선분 중 변이 아닌 것을 대각선이라고 합니다.

개념 확인

9 다음 중 옳은 것은 'O'를, 옳지 않은 것은 '×'를 (   ) 안에 써넣으시오.

(1) 모든 정사각형은 직사각형입니다.　　　　　　　　　　　　　　　　　(　　)

(2) 모든 직사각형은 정사각형입니다.　　　　　　　　　　　　　　　　　(　　)

(3) 두 대각선이 서로 직각인 사각형은 마름모입니다.　　　　　　　　　　(　　)

(4) 정사각형을 이어 직사각형을 만들 수 있습니다.　　　　　　　　　　　(　　)

(5) 정사각형의 대각선을 접는 선으로 하여 반으로 접으면 정삼각형이 됩니다.　(　　)

10 왼쪽 이등변삼각형의 둘레의 길이와 오른쪽 정사각형의 둘레의 길이는 같습니다. 정사각형의 한 변의 길이를 구하시오. (단, 이등변삼각형은 긴 변 한 개와 짧은 변 두 개로 이루어져 있습니다.)

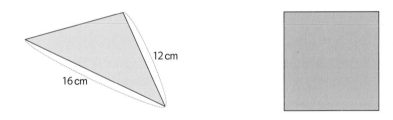

11 사각형 ㄱㄴㄷㄹ은 마름모이고, 사각형 ㄴㄷㅁㄹ은 평행사변형입니다. 각 ㄷㅁㄹ의 크기는 몇 도입니까?

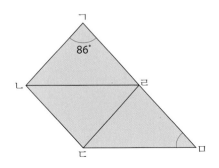

(3) 사각형 사이의 포함 관계

① 사각형은 변의 길이, 각의 크기 등에 따라 사다리꼴, 평행사변형, 마름모, 직사각형, 정사각형으로 분류할 수 있습니다.

② 다음 그림처럼 사각형에 조건을 추가하여 특별한 사각형이 만들어집니다.

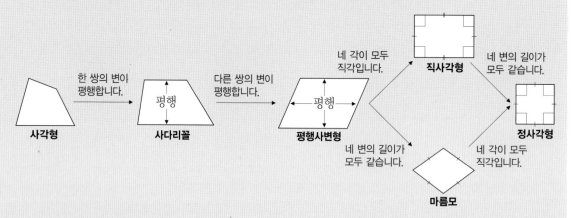

③ 사각형의 포함 관계

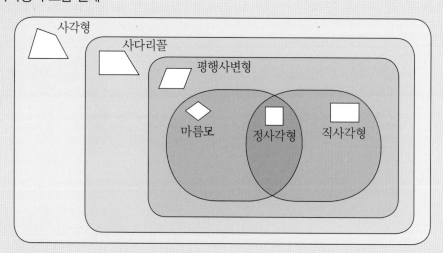

- 평행사변형은 사다리꼴이라고 할 수 있습니다.
- 마름모는 사다리꼴, 평행사변형이라고 할 수 있습니다.
- 직사각형은 사다리꼴, 평행사변형이라고 할 수 있습니다.
- 정사각형은 사다리꼴, 평행사변형, 마름모, 직사각형이라고 할 수 있습니다.

개념 확인

12 다음은 사각형의 포함 관계를 설명한 것입니다. 옳지 않은 것은 어느 것입니까?

① 정사각형은 마름모입니다.
② 직사각형은 정사각형입니다.
③ 평행사변형은 사다리꼴입니다.
④ 정사각형은 평행사변형입니다.
⑤ 직사각형은 사다리꼴입니다.

13 다음 중 옳은 것은 'ㅇ'를, 옳지 않은 것은 '×'를 ( ) 안에 써넣으시오.

(1) 사각형의 안쪽 모든 각을 더하면 360°입니다. ( )
(2) 사각형의 네 각 중 하나는 180°를 넘을 수 있습니다. ( )
(3) 모든 사각형은 두 개의 삼각형으로 나눌 수 있습니다. ( )
(4) 변의 길이가 서로 같은 두 삼각형을 붙이면 사각형이 됩니다. ( )
(5) 변의 길이가 서로 같은 정삼각형 두 개를 붙이면 정사각형이 됩니다. ( )
(6) 정사각형이 아닌 직사각형은 마름모입니다. ( )

[14-16] 다음 그림과 같은 평행사변형 모양의 종이를 겹치지 않게 붙여서 가장 작은 마름모를 만들려고 합니다. 다음 물음에 답하시오.

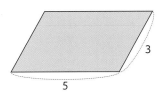

14 위 그림과 같은 평행사변형 모양의 종이로 마름모를 만든다면, 평행사변형 모양의 종이는 몇 개 필요합니까?

15 위 그림과 같은 평행사변형의 긴 변의 길이를 4로 바꾸면, 평행사변형 모양의 종이는 몇 개 필요합니까?

16 위 그림과 같은 평행사변형의 긴 변의 길이를 6으로 바꾸면, 평행사변형 모양의 종이는 몇 개 필요합니까?

개념 다지기

5 다각형(多 많을 다 角 뿔 각 形 모양 형)

(1) 다각형과 정다각형

① 다각형 : 선분으로만 둘러싸인 도형

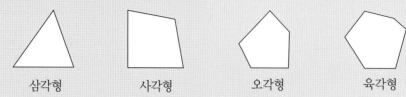

| 삼각형 | 사각형 | 오각형 | 육각형 |

변과 꼭짓점이 각각 ■개인 다각형을 ■각형이라고 합니다.

② 정다각형 : 변의 길이가 모두 같고 각의 크기가 모두 같은 다각형

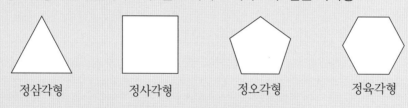

| 정삼각형 | 정사각형 | 정오각형 | 정육각형 |

변과 꼭짓점이 각각 ★개인 정다각형을 정★각형이라고 합니다.

> 다각형 중에서 변의 길이가 모두 같고 각의 크기가 모든 같은 다각형을 정다각형이라 하므로, 정다각형은 다각형 안에 포함됩니다.
> 정다각형은 다각형입니다. (참)
> 다각형은 정다각형입니다. (거짓)

(2) 다각형의 대각선과 성질

① 대각선 : 다각형에서 선분 ㄱㄷ, 선분 ㄴㄹ과 같이 서로 이웃하지 않은 두 꼭짓점을 이은 선분

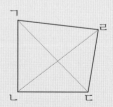

② 대각선의 성질

대각선의 성질 \ 사각형	사다리꼴	평행사변형	마름모	직사각형	정사각형
한 대각선은 다른 대각선을 똑같이 반으로 나눕니다.		○	○	○	○
두 대각선의 길이가 같습니다.				○	○
두 대각선이 서로 수직입니다.			○		○

17 다음 중 만족하는 것에 ○ 표시하시오.

사각형 성질	사다리꼴	평행사변형	마름모	직사각형	정사각형
길이가 다른 변이 존재하는 것					
이웃하는 두 각의 합이 180°					
대각선을 기준으로 접었을 때 포개지는 것					

18 대각선을 그을 수 없는 도형을 찾아보시오.

① 삼각형　　② 사각형　　③ 오각형　　④ 육각형　　⑤ 칠각형

19 정팔각형의 대각선은 20개입니다. 이 중 길이가 다른 대각선은 몇 가지인지 구하시오.

20 다음 정팔각형에서 ㉠과 ㉡의 크기의 합을 구하시오.

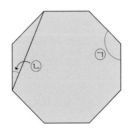

21 정십각형에서 그릴 수 있는 대각선은 모두 몇 개인지 구하시오.

① 평행선 공리

유클리드 기하학에 다음과 같은 공리(증명 없이 참이라 믿는 진리)가 있습니다.

"한 직선이 평행선과 만나서 생기는 각 중 같은 쪽에 있는 각의 크기는 같다."

아래 그림에서 $\angle a = \angle c$는 평행선 공리에 의해서 성립하고, $\angle a = \angle b$는 맞꼭지각으로 같습니다. 그러므로 $\angle b = \angle c$가 성립합니다. $\angle b$, $\angle c$를 서로의 엇각이라 부르고, $\angle a$, $\angle c$를 동위각이라 부릅니다.

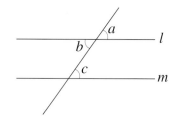

평행한 두 직선 l, m($l /\!/ m$)이 다른 한 직선과 만날 때

① 동위각의 크기는 서로 같습니다.　　⇨ $\angle a = \angle c$

② 엇각의 크기는 서로 같습니다.　　⇨ $\angle b = \angle c$

> **참고**
>
> · 위 그림처럼 평행한 두 직선이 다른 한 직선과 만날 때,
>
> 맞꼭지각 : $\angle a$와 $\angle b$처럼 마주 보는 각을 맞꼭지각이라고 합니다.
>
> 동위각 : $\angle a$와 $\angle c$처럼 같은 위치에 있는 각을 동위각이라고 합니다.
>
> 엇각 : $\angle b$와 $\angle c$처럼 엇갈린 위치에 있는 각을 엇각이라고 합니다.

위의 평행선 공리를 이용해서 삼각형의 세 내각의 합이 $180°$임을 아래와 같은 순서로 증명할 수 있습니다.

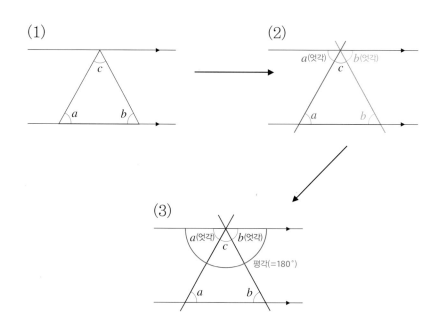

예제 1-1 다음 그림과 같이 세 직선이 한 점에서 만날 때, ㉮와 ㉯의
크기를 구하시오.

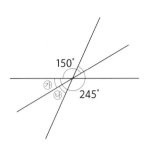

예제 1-2 다음 평행선에서 ㉠의 각도를 구하시오.

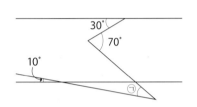

예제 1-3 다음 두 직선 ㉮와 ㉯가 평행할 때, ㉠의 각도를 구하시오.

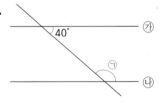

예제 1-4 다음 그림에서 직선 ㉮와 ㉯가 평행할 때, ㉠의 각도를
구하시오.

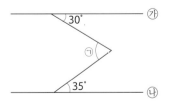

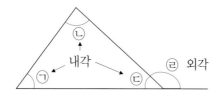

② 여러 가지 도형의 각도 구하기

1 삼각형 외각의 성질

외각의 성질 : ㉠+㉡+㉢=㉣+㉢=180°이므로 ㉠+㉡=㉣

내각
외각

2 접은 도형에서 각도 구하기 : 접은 도형인 경우는 각도가 같은 도형이 존재함을 이용합니다.

예제 2-1 점 ㅇ이 중심인 원에서 선분 ㄹㅇ과 선분 ㄹㅁ이 같을 때 ㉠과 ㉡의 각도의 합을 구하시오.

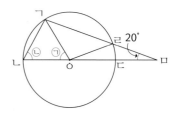

예제 2-2 다음 삼각형 ㄱㄴㄷ을 그림과 같이 그렸을 때, ㉠의 크기를 구하시오.

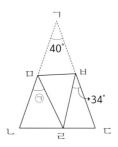

예제 2-3 다음 그림과 같이 직사각형 모양의 종이를 접었을 때, ∠㉮−∠㉯의 값을 구하시오.

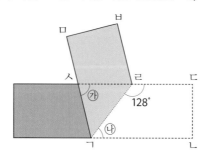

① 24°　　　② 30°　　　③ 36°　　　④ 42°　　　⑤ 48°

❸ 여러 가지 사각형의 성질

여러 가지 사각형의 성질은 중학교 2학년 2학기 과정에서 삼각형의 합동과 평행선의 성질 등을 이용해서 증명합니다. 여기서는 평행사변형 정의와 평행선 공리를 이용하여 다음 평행사변형의 성질을 증명해 봅시다.

• 평행사변형 정의 : 마주 보는 두 쌍의 변이 서로 평행한 사각형

• 평행사변형의 성질 : 마주 보는 각이 서로 같고, 이웃한 두 각의 크기의 합이 $180°$이다.

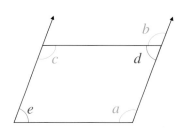

평행선에서 동위각의 크기와 엇각의 크기가 같으므로,

$\angle a = \angle b$, $\angle b = \angle c \rightarrow \angle a = \angle c$ 입니다.

같은 방법으로 하면 $\angle d = \angle e$ 입니다.

$\angle a + \angle a + \angle d + \angle d = 360°$이므로 $\angle a + \angle d = 180°$입니다.

예제 3-1 그림과 같은 평행사변형 ABCD에서 $\overline{AP}$는 $\angle A$의 이등분선이고 $\angle D = 82°$일 때, $\angle APC$의 크기를 구하시오.

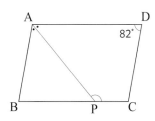

① 130°   ② 131°   ③ 132°   ④ 133°   ⑤ 134°

④ 다각형의 대각선의 개수와 내각의 합

1 다각형의 대각선 개수

대각선은 자기 자신과 이웃한 꼭짓점에는 그을 수 없습니다. 따라서 □각형의 경우 한 꼭짓점에서 그을 수 있는 대각선의 개수는 이 3개의 꼭짓점을 제외한 (□−3)개입니다. □각형의 모든 꼭짓점마다 (□−3)개의 대각선을 그을 수 있고, 대각선 하나를 2개의 꼭짓점이 공유하므로 □각형의 대각선의 개수는 (□−3)×□÷2입니다.

다각형에서 대각선의 수

다각형	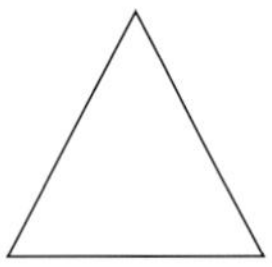 삼각형	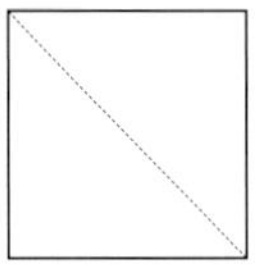 사각형	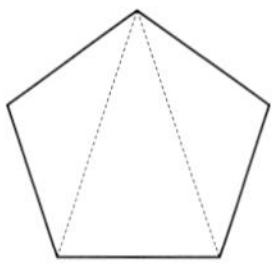 오각형	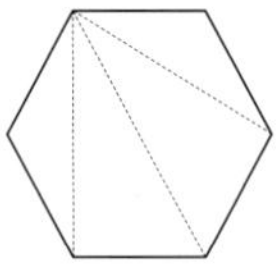 육각형	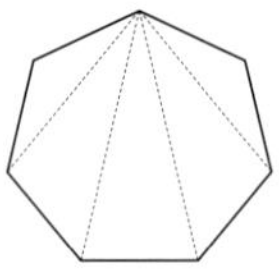 칠각형
한 점에서 그을 수 있는 대각선의 수	0	1 (4−3)	2 (5−3)	3 (6−3)	4 (7−3)
전체 대각선의 수	0	2 (1×4÷2)	5 (2×5÷2)	9 (3×6÷2)	14 (4×7÷2)

$$（■각형의 대각선 수）＝（■−3）×■÷2$$

└ 한 꼭짓점에서 그을 수 있는 대각선의 수

2 다각형의 내각의 합

□각형의 한 꼭짓점에서 (□−3)개의 대각선을 그을 수 있으므로, 아래 그림과 같이 □각형은 (□−2)개의 삼각형으로 분할됩니다. 삼각형의 세 내각의 합이 180°이므로, □각형의 내각의 합은 180°×(□−2)가 됩니다.

다각형	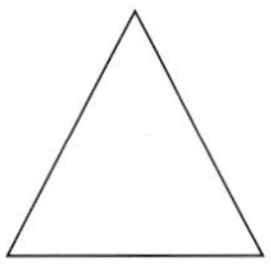 삼각형	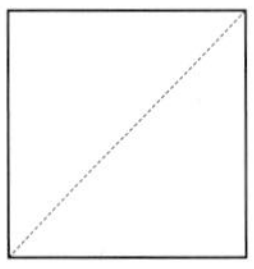 사각형	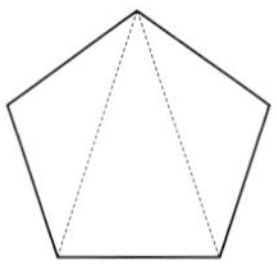 오각형	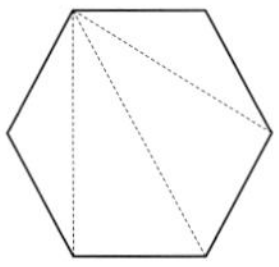 육각형	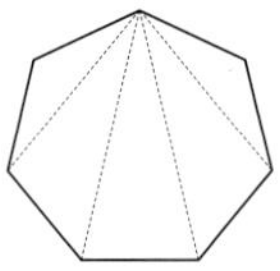 칠각형
삼각형의 수	1	2	3	4	5
내각의 합	180°	180°×2	180°×3	180°×4	180°×5

$$（■각형의 내각의 합）＝180°×（■−2）$$

참고 □각형이 정다각형이라면 한 내각의 크기는 180°×(□−2)÷□가 됩니다.

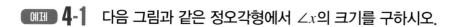

예제 4-1 다음 그림과 같은 정오각형에서 ∠x의 크기를 구하시오.

① 64°　　　　② 68°　　　　③ 72°

④ 78°　　　　⑤ 82°

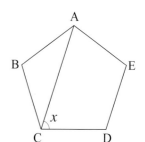

예제 4-2 한 내각의 크기와 한 외각의 크기의 비가 7:2인 정다각형의 대각선의 개수를 구하시오.

예제 4-3 팔각형의 한 꼭짓점에 그을 수 있는 대각선의 개수를 a개, 이때 생기는 삼각형의 개수를 b개, 내부의 한 점에서 각 꼭짓점에 선분을 그을 때 생기는 삼각형의 개수를 c개라 할 때, $a+b-c$의 값을 구하시오.

예제 4-4 다음 그림과 같은 평행사변형 ABCD에서 두 대각선의 교점을 O라 하고, $\overline{AO}=5\,\text{cm}$, $\overline{BD}=16\,\text{cm}$라고 합니다. □＋△의 값을 구하시오.

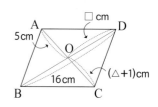

03 평면도형의 측정

개념 다지기

1 다각형의 넓이

(1) 직사각형의 넓이

- 직사각형의 넓이는 (가로의 길이)×(세로의 길이)로 구할 수 있습니다.
- 정사각형은 가로의 길이와 세로의 길이가 같은 직사각형으로 볼 수 있습니다.

(2) 평행사변형의 넓이

- 평행사변형의 높이를 따라 잘라서 생긴 두 도형으로 직사각형을 만들었습니다.

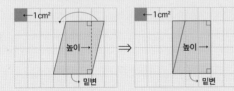

- (직사각형의 가로)=(평행사변형의 밑변의 길이)
- (직사각형의 세로)=(평행사변형의 높이)
- (평행사변형의 넓이)=(직사각형의 넓이)

  =(밑변의 길이)×(높이)

(3) 삼각형의 넓이

- 똑같은 삼각형 2개를 겹치지 않게 이어 붙여서 평행사변형을 만들었습니다.

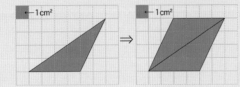

- (평행사변형의 밑변의 길이)

  =(삼각형의 밑변의 길이)
- (평행사변형의 높이)=(삼각형의 높이)
- (삼각형의 넓이)=(평행사변형의 넓이의 반)

  =(밑변의 길이)×(높이)÷2

(4) 마름모와 사다리꼴의 넓이

- (마름모의 넓이)=(두 대각선의 길이의 곱)÷2
- (사다리꼴의 넓이)={(윗변의 길이)+(아랫변의 길이)}×(높이)÷2

1 다음 직사각형 ㄱㄴㄷㄹ에서 사각형 ㅁㅂㅅㄹ과 삼각형 ㅂㄴㄷ의 넓이가 같을 때, 선분 ㄴㄷ의 길이를 구하시오.

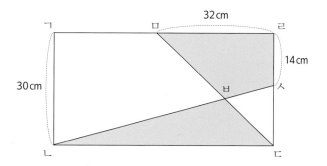

2 도형의 넓이가 252cm²인 마름모입니다. □ 안에 알맞은 수를 써넣으시오.

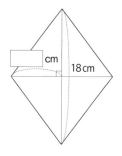

3 세로가 9cm이고, 가로가 39cm인 직사각형 모양의 종이를 삼각형 ㄷㄹㅁ이 이등변삼각형이 되도록 접었습니다. 사각형 ㄱㄴㄷㄹ의 넓이를 구하시오.

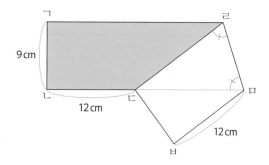

4 다음 그림과 같이 두 도형의 넓이가 같다고 합니다. 이 때 □ 안에 들어갈 알맞은 수는 얼마인지 구하시오.

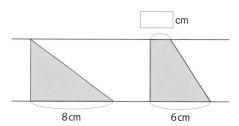

개념 다지기

2 원(한 점에서 같은 거리만큼 떨어진 점들의 모임)**의 둘레와 넓이**

(1) 원주 : 원의 둘레

(2) 원주율 : 원의 지름에 대한 원주의 비율 $\left(\dfrac{원주}{지름}=원주율\right)$

원주율은 원의 크기에 관계없이 항상 일정하며, 소수로 나타내면 3.1415926535……와 같이 끝없이 이어집니다. 원주율은 계산의 편리성을 위해 초등학교는 3 또는 3.14와 같은 근삿값을 사용하며, 중학교에서는 π(파이)라는 기호로 대체합니다.

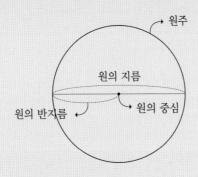

(3) 원주율을 이용하여 원주와 지름 구하기

- (원주율)=(원주)÷(지름)

- (원주)=(지름)×(원주율)=(반지름)×2×(원주율)

- (지름)=(원주)÷(원주율)

(4) 원의 넓이

원을 한없이 잘라 이어 붙이면 직사각형에 가까워집니다.

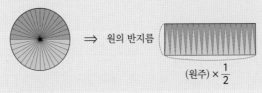

- (원의 넓이)=(원주)×$\dfrac{1}{2}$×(반지름)

    =(원주율)×(지름)×$\dfrac{1}{2}$×(반지름)

    =(원주율)×(반지름)×(반지름)

5 □ 안에 알맞은 수나 말을 써넣으시오.

> (원주율) = □ ÷ (지름)
> (원주) = (지름) × □
> = (반지름) × □ × □

6 큰 원부터 차례대로 기호를 쓰시오. (원주율=3.1)

> ㉠ 지름이 10 cm인 원
> ㉡ 원주가 27.9 cm인 원
> ㉢ 넓이가 49.6 cm²인 원

7 크기가 다른 두 원의 중심을 겹쳐 놓은 것입니다. 큰 원의 원주는 몇 cm입니까? (원주율=3.1)

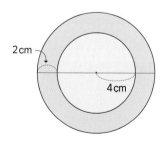

① 24.8 cm
② 37.2 cm
③ 41.4 cm
④ 50.1 cm
⑤ 54.6 cm

개념 넓히기

🔴 여러 가지 평면도형의 넓이 구하기

1 직각으로 이루어진 도형의 둘레의 길이

아래 두 도형의 둘레의 길이는 같습니다.

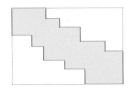 

2 사각형에서 도로를 제외한 부분의 넓이 구하기

도로 부분을 없애고 색칠한 부분을 한쪽으로 모아서 넓이를 구합니다.

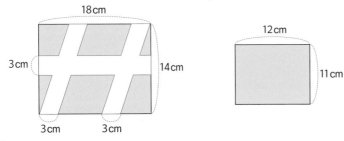

3 등적 변형(도형의 넓이는 바꾸지 않고, 모양만을 바꾸는 변형)

$k \times$ 밑변 $\times$ 높이(k는 상수)꼴의 넓이 공식을 가지는 삼각형, 평행사변형 등은 밑변의 길이와 높이가 같으면 모양에 상관없이 넓이가 같으며, 높이가 같을 때는 밑변의 길이의 비가 넓이의 비와 같습니다.

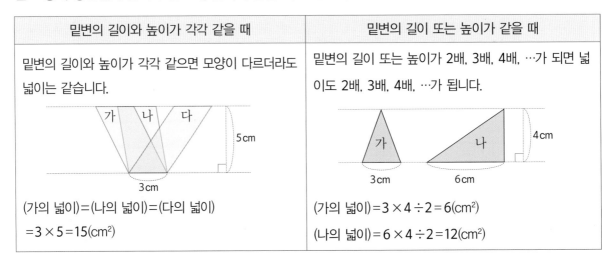

밑변의 길이와 높이가 각각 같을 때	밑변의 길이 또는 높이가 같을 때
밑변의 길이와 높이가 각각 같으면 모양이 다르더라도 넓이는 같습니다.	밑변의 길이 또는 높이가 2배, 3배, 4배, …가 되면 넓이도 2배, 3배, 4배, …가 됩니다.

(가의 넓이)=(나의 넓이)=(다의 넓이)
=$3 \times 5 = 15(\text{cm}^2)$

(가의 넓이)=$3 \times 4 \div 2 = 6(\text{cm}^2)$
(나의 넓이)=$6 \times 4 \div 2 = 12(\text{cm}^2)$

예 다음 그림에서 선분 ㄱㄷ과 평행하게 선분 ㄹㅁ을 그으면 등적 변형에 의해 삼각형 ㄱㄷㄹ과 삼각형 ㄱㄷㅁ의 넓이가 같으므로, 사각형 ㄱㄴㄷㄹ과 삼각형 ㄱㄴㅁ의 넓이가 같다는 것을 알 수 있습니다.

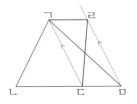

예제 1-1 모든 각이 직각으로 이루어진 다음 도형의 둘레는 몇 m인지 구하시오.

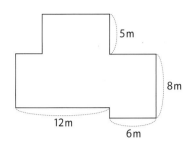

예제 1-2 다음은 정사각형 1개와 직사각형 2개를 붙여서 만든 도형입니다. 이 도형의 둘레를 구하시오.

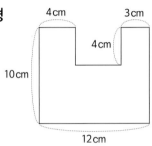

예제 1-3 다음 도형에서 삼각형 ㄷㄹㅁ의 넓이는 49 cm²입니다. 삼각형 ㄱㄴㄹ의 넓이를 구하시오.

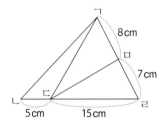

예제 1-4 아래 도형의 색칠한 부분의 넓이를 구하시오.

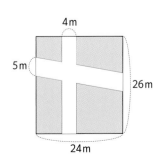

② 원의 넓이 구하기

1 원의 구성

① 원 : 평면 위의 한 점으로부터 일정한 거리에 있는 점들로 이루어진 도형

② 호 : 원 위의 두 점을 잡을 때 나누어지는 원주의 두 부분

③ 현 : 원 위의 두 점을 이은 선분

④ 부채꼴 : 두 반지름과 호로 이루어진 도형

⑤ 중심각 : 부채꼴에서 두 반지름이 이루는 각

⑥ 활꼴 : 원에서 현과 호로 이루어진 도형

⑦ 할선 : 원과 두 점에서 만나는 직선

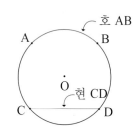

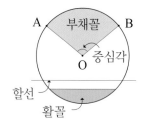

2 부채꼴의 호의 길이와 넓이

① 부채꼴의 호의 길이와 넓이는 각각 중심각의 크기에 정비례합니다.

- (호의 길이) = (원주) $\times \left(\dfrac{\text{중심각}}{360°} \right)$

- (부채꼴 넓이) = (원의 넓이) $\times \left(\dfrac{\text{중심각}}{360°} \right)$

② 호의 길이와 반지름만 알 때, 부채꼴 넓이 구하기

- (부채꼴 넓이) = (반지름) × (호의 길이) ÷ 2

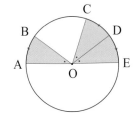

반지름

(호의 길이) ÷ 2

예제 2-1 다음 □ 안에 알맞은 것을 써넣으시오.

(1) 중심각의 크기가 [　　] 인 부채꼴은 반원이다.

(2) 한 원에서 부채꼴의 넓이는 중심각의 크기에 [　　] 한다.

예제 2-2 다음 그림에서 원 O에서 $\overline{OC} /\!/ \overline{AB}$이고 ∠BOC=30°, $\overparen{BC}$=2cm일 때, $\overparen{AB}$의 길이를 구하시오. ($\overparen{AB}$는 호 AB의 길이를 의미합니다.)

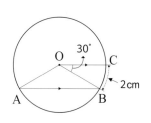

3 원이 지나간 거리 구하기

1 원이 지나간 자리 : 직사각형과 원의 부분으로 이루어진 도형

다각형에 미끄러지면서 원이 지나간 자리는 직사각형과 부채꼴의 형태를 띄고 있습니다. 직사각형은 가로의 길이는 다각형의 변의 길이와 같고, 세로의 길이는 원의 지름과 같습니다.

부채꼴은 다각형의 종류와 상관없이 중심각의 합이 360˚가 됩니다. 따라서 다각형의 둘레를 원이 지나가면서 생긴 도형의 둘레의 길이는 '(원의 지름을 반지름으로 하는 원 둘레의 길이)+(다각형의 둘레의 길이)'와 같고, 넓이는 '(원의 지름을 반지름으로 하는 원의 넓이)+(지름)×(다각형의 둘레의 길이)'와 같습니다.

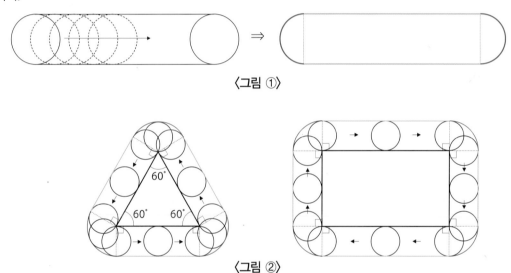

〈그림 ①〉

〈그림 ②〉

삼각형은 변을 따라 그림 ①이 세 번, 사각형은 네 변을 따라 그림 ①이 네 번 그려집니다.

예제 3-1 다음과 같이 반지름이 3 cm인 원이 한 변의 길이가 10 cm인 정삼각형의 둘레를 한 바퀴 돌았습니다. 원이 지나간 부분의 넓이와 원의 중심이 움직인 거리를 차례대로 구하시오. (원주율=3)

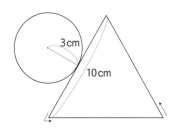

04 입체도형 및 입체도형의 측정

개념 다지기

1 각기둥과 각뿔

(1) 각기둥과 각뿔의 모양 및 특징

각기둥 –기둥 모양			각뿔 –뿔 모양		
삼각기둥	사각기둥	오각기둥	삼각뿔	사각뿔	오각뿔
두 밑면은 서로 평행하고 합동인 다각형			밑면은 하나의 다각형		
옆면이 모두 직사각형, 밑면과 옆면은 서로 수직			옆면이 모두 삼각형		
각기둥/각뿔 모두 밑면의 모양에 따라 삼각기둥/삼각뿔, 사각기둥/사각뿔, …이라 합니다.					

(2) 각기둥과 각뿔의 구성 요소와 그 개수

- 모서리 : 면과 면이 만나서 생기는 선
- 꼭짓점 : 모서리와 모서리가 만나서 생기는 점
- 각기둥의 높이 : 두 밑면 사이의 거리
- 각뿔의 꼭짓점 : 꼭짓점 중에서 옆면이 모두 만나는 점
- 각뿔의 높이 : 각뿔의 꼭짓점에서 밑면에 수직인 선분의 길이

	□각기둥	□각뿔
겨냥도	 삼각기둥　　사각기둥	삼각뿔　　사각뿔
밑면의 모양	□각형	□각형
면의 수	□ +2	□ +1
모서리의 수	□ × 3	□ × 2
꼭짓점의 수	□ × 2	□ +1

(3) 각기둥의 전개도 : 각기둥의 모서리를 잘라서 평면 위에 펼쳐 놓은 그림

개념 확인

1 다음 중 각기둥의 이름을 알 수 없는 것은 어느 것인지 고르시오.

① 옆면의 수가 5개인 각기둥
② 모서리가 15개인 각기둥
③ 밑면이 육각형인 각기둥
④ 꼭짓점의 수가 6개인 각기둥
⑤ 옆면이 직사각형인 각기둥

2 오각뿔의 면의 수를 ㉠, 칠각뿔의 꼭짓점의 수를 ㉡, 사각기둥의 꼭짓점의 수를 ㉢이라 할 때, ㉠+㉡÷㉢의 값을 구하시오.

3 다음 그림의 각 부분의 명칭을 연결한 것으로 바르지 않은 것은 어느 것인지 고르시오.

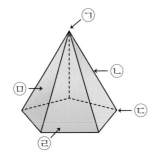

① ㉠ – 각뿔의 꼭짓점
② ㉡ – 면
③ ㉢ – 꼭짓점
④ ㉣ – 밑면
⑤ ㉤ – 옆면

4 다음 설명 중 각기둥에 해당하는 것은 '기', 각뿔에 해당하는 것은 '뿔'을 쓰시오.

(1) 두 밑면은 합동입니다. (　　)
(2) 면의 수는 밑면인 다각형의 변의 수보다 1개 더 많습니다. (　　)
(3) 옆면은 모두 삼각형입니다. (　　)
(4) 모서리의 수는 밑면인 다각형의 꼭짓점의 수의 3배입니다. (　　)
(5) 꼭짓점의 수는 밑면인 다각형의 변의 수의 2배입니다. (　　)

5 오른쪽은 어떤 입체도형의 전개도입니다. 본래 도형에서 변 ㄱㄴ과 포개어지는 변은 어느 것인지 쓰시오.

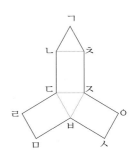

개념 다지기

2 직육면체의 부피와 겉넓이

(1) 직육면체 부피의 단위

한 모서리의 길이가 1cm인 정육면체의 부피를 1cm³라 쓰고, 1세제곱 센티미터라고 읽습니다.

(2) 직육면체와 정육면체의 부피 구하는 방법

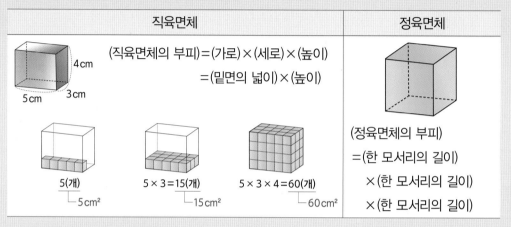

직육면체	정육면체
(직육면체의 부피)=(가로)×(세로)×(높이) =(밑면의 넓이)×(높이) 5(개) — 5cm² 5×3=15(개) — 15cm² 5×3×4=60(개) — 60cm²	(정육면체의 부피) =(한 모서리의 길이) ×(한 모서리의 길이) ×(한 모서리의 길이)

(3) 직육면체와 정육면체의 겉넓이 구하는 방법

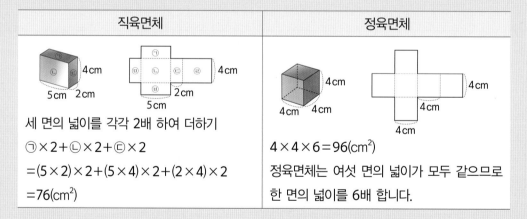

직육면체	정육면체
세 면의 넓이를 각각 2배 하여 더하기 ㉠×2+㉡×2+㉢×2 =(5×2)×2+(5×4)×2+(2×4)×2 =76(cm²)	4×4×6=96(cm²) 정육면체는 여섯 면의 넓이가 모두 같으므로 한 면의 넓이를 6배 합니다.

> **참고**
>
> 같은 단위끼리는 더하기, 빼기가 가능하고, 단위를 곱하거나 나누어 새로운 단위를 만듭니다.

예1 길이의 단위 cm

cm×cm=cm² → 넓이의 단위 cm²

cm×cm×cm=cm³ → 부피의 단위 cm³

예2 길이의 단위 km, 시간의 단위 h

km÷h → 속력의 단위 km/h

개념 확인

6 한 모서리가 1 cm인 정육면체 모양의 쌓기나무를 가로로 4줄, 세로로 3줄씩 7층 높이로 쌓아서 직육면체 모양을 만들었습니다. 이 직육면체의 부피는 몇 cm³입니까?

7 그림과 같은 직육면체의 부피가 336 cm³일 때, 높이는 몇 cm입니까?

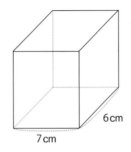

7 cm   6 cm

8 다음 중 옳은 것은 어느 것입니까?

① $300000 \, cm^3 = 3 \, m^3$ ② $3.6 \, m^3 = 36000000 \, cm^3$

③ $0.8 \, m^3 = 80000 \, cm^3$ ④ $47000000 \, cm^3 = 47 \, m^3$

⑤ $50000000 \, cm^3 = 5 \, m^3$

9 다음 직육면체 여러 개를 빈틈없이 쌓아서 정육면체를 만들려고 합니다. 만들 수 있는 가장 작은 정육면체의 겉넓이는 몇 cm²인지 구하시오.

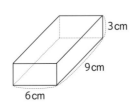

3 cm   9 cm   6 cm

3 원기둥, 원뿔, 구

(1) 원기둥, 원뿔, 구의 모양과 특징

원기둥	원뿔	구
(밑면, 옆면, 높이 표시)	(원뿔의 꼭짓점, 높이, 옆면, 밑면, 모선 표시)	(반지름, 중심 표시)
두 밑면 : 평행하고 합동인 원 옆면 : 굽은 면 위에서 본 모양 : 원 앞에서 본 모양 : 직사각형	밑면 : 원 옆면 : 굽은 면 위에서 본 모양 : 원 앞에서 본 모양 : 이등변삼각형	옆면 : 굽은 면 굽은 면으로 둘러싸여 있음 어느 방향에서 보아도 원 모양

- 원뿔의 모선 : 원뿔의 꼭짓점과 밑면의 둘레의 한 점을 이은 선분

- 구의 중심 : 가장 안쪽에 있는 점

- 구의 반지름 : 구의 중심에서 구의 겉면의 한 점을 이은 선분

(2) 회전체를 이용하여 원기둥, 원뿔, 구 그리기

	원기둥	원뿔	구
겨냥도	(원기둥 겨냥도)	(원뿔 겨냥도)	(구 겨냥도)
회전시키기 전의 평면도형	직사각형	직각삼각형	반원

(3) 원기둥의 전개도와 겉넓이

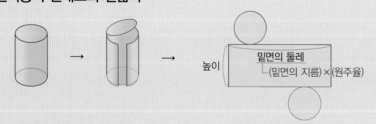

- (원기둥의 겉넓이)=(한 밑면의 넓이)×2+(옆면의 넓이)

- (한 밑면의 넓이)=(원의 넓이)=(원주율)×(반지름)×(반지름)

- (옆면의 넓이)=(직사각형의 넓이)=(밑면의 둘레)×(원기둥의 높이)
          └옆면의 가로   └옆면의 세로

10 다음 중 원기둥의 전개도는 어느 것입니까?

11 다음 원뿔에서 선분 ㄱㅂ의 길이는 몇 cm입니까?

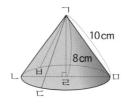

① 6 cm   ② 8 cm   ③ 10 cm   ④ 12 cm   ⑤ 14 cm

12 다음 그림은 밑면의 지름이 8 cm, 높이가 4 cm인 원기둥의 전개도입니다. 이 전개도의 둘레의 길이는 몇 cm인지 구하시오. (원주율=3.1)

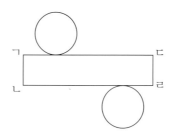

13 다음은 원기둥과 각기둥의 공통점 또는 차이점에 대한 설명입니다. 옳은 것을 모두 고르시오.

ㄱ 원기둥과 각기둥은 모두 밑면이 2개다.
ㄴ 원기둥과 각기둥은 모두 옆에서 본 모양이 직사각형이다.
ㄷ 원기둥과 각기둥은 모두 기둥 모양이고 꼭짓점과 모서리가 있다.
ㄹ 원기둥의 밑면은 원이고, 각기둥의 밑면은 다각형이다.

① 각기둥의 부피 구하기 (1)

1 직육면체 부피 : (밑면의 넓이)×(높이)

> (직육면체의 부피)=(가로)×(세로)×(높이)
> =(밑면의 넓이)×(높이)

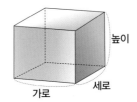

2 밑면이 평행사변형인 기둥의 부피 : (밑면의 넓이)×(높이)

밑면인 평행사변형을 자르고 붙여 직사각형으로 만들어, 직육면체 부피 구하는 공식을 이용합니다.

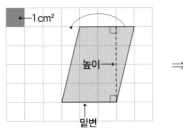 ⇒ 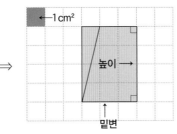 ⇒

(평행사변형 기둥의 부피)=(직육면체 부피)

= (직사각형 넓이)×(높이)

= (평행사변형 넓이)×(높이)

= (밑면의 넓이)×(높이)

3 삼각기둥의 부피 : (밑면의 넓이)×(높이)

밑면인 삼각형을 2개 붙여 평행사변형을 만들어, 밑면이 평행사변형인 기둥의 부피 구하는 공식을 이용합니다.

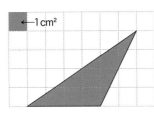 ⇒ 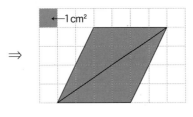 ⇒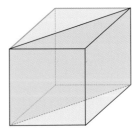

(삼각기둥의 부피)=$\frac{1}{2}$×(평행사변형 기둥의 부피)

=$\frac{1}{2}$×(평행사변형 넓이)×(높이)

=(삼각형의 넓이)×(높이)

=(밑면의 넓이)×(높이)

예제 1-1 다음 각기둥의 부피를 구하시오.

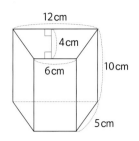

예제 1-2 다음 그림과 같이 입체도형의 부피가 330 cm³일 때, 이 입체도형의 높이를 구하시오.

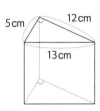

예제 1-3 오른쪽 그림과 같은 사각기둥의 겉넓이는 ㉠cm², 부피는 ㉡cm³입니다. ㉠ − ㉡을 구하시오.

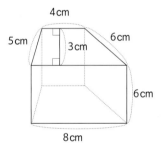

예제 1-4 직육면체에 물을 담아 기울였더니 오른쪽 그림과 같아졌습니다. 직육면체에 담겨 있는 물의 부피가 15 cm³일 때, ㉠의 길이를 구하시오.

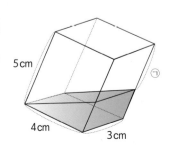

② 각기둥의 부피 구하기 (2)

1 각기둥의 부피 : (밑면의 넓이)×(높이)

밑면인 다각형을 쪼개면 여러 개의 삼각형이 됩니다. 여러 개의 삼각기둥의 부피의 합을 이용하여 다각기둥의 부피를 구합니다.

다음과 같이 오각기둥이 있을 때, 밑면을 3개의 삼각형으로 쪼개고, 각 삼각형의 넓이를 ㉠, ㉡, ㉢ 이라고 합니다.

(오각기둥의 부피)=(3개의 삼각기둥의 부피의 합)

　　　　　=㉠×(높이)+㉡×(높이)+㉢×(높이)

　　　　　=(㉠+㉡+㉢)×(높이)

　　　　　=(오각형의 넓이)×(높이)

　　　　　=(밑면의 넓이)×(높이)

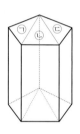 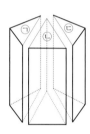

2 원기둥의 부피 : (밑면의 넓이)×(높이)

밑면인 원을 아주 작은 부채꼴로 쪼개어 붙여 직사각형을 만들어, 직육면체 부피 구하는 공식을 이용합니다.

(원기둥의 부피)=(직육면체의 부피)

　　　　　=(가로)×(세로)×(높이)

　　　　　={(원주)÷2}×(반지름)×(높이)

　　　　　={(지름)×(원주율)÷2}×(반지름)×(높이)

　　　　　={(반지름)×(원주율)}×(반지름)×(높이)

　　　　　=(원의 넓이)×(높이)

　　　　　=(밑면의 넓이)×(높이)

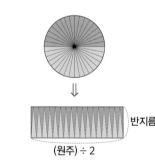

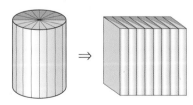

결론 : 기둥의 부피는 (밑면의 넓이)×(높이)로 구할 수 있습니다.

예제 2-1 다음 그림과 같이 사각형을 밑면으로 하고 높이가 8 cm 인 사각기둥의 부피는?

① 40 cm³   ② 56 cm³   ③ 72 cm³
④ 88 cm³   ⑤ 176 cm³

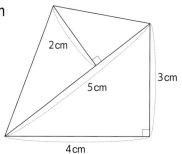

예제 2-2 다음 그림과 같은 원기둥 그릇에 물이 절반이 채워져 있습니다. 이 때 물의 부피는 몇 cm³입니까? (원주율=3.1)

① 285.2 cm³   ② 297.6 cm³   ③ 310 cm³
④ 322.4 cm³   ⑤ 334.8 cm³

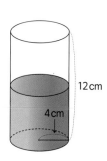

예제 2-3 다음 그림과 같이 밑면이 반원인 입체도형의 부피는 몇 cm³입니까? (원주율=3)

① 54 cm³   ② 72 cm³   ③ 108 cm³
④ 144 cm³   ⑤ 288 cm³

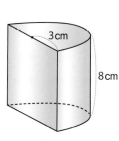

1 원 안에 그림과 같이 세 원을 그렸습니다. 가장 큰 원의 지름은 몇 cm입니까?

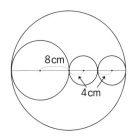

2 세 변의 길이가 서로 다른 다음 직육면체를 보고, 물음에 답하시오.

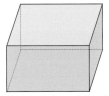

(1) 크기가 같은 면은 모두 몇 쌍입니까?

(2) 면과 면이 만나는 선분은 모두 몇 개입니까?

(3) 세 모서리가 만나는 점은 모두 몇 개입니까?

3 작은 정사각형 한 개의 넓이는 1 cm²입니다. 두 도형의 색칠한 부분의 넓이의 차는 몇 cm²입니까?

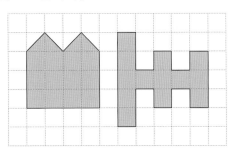

4 리본으로 직육면체를 다음 그림과 같이 포장하는 데 리본을 114 cm 사용했습니다. 매듭을 묶는 데 몇 cm 사용했습니까?

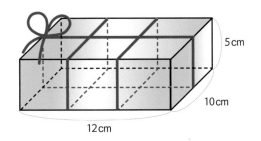

5 다음은 직육면체와 그 전개도입니다. 이 전개도의 둘레의 길이는 몇 cm입니까?

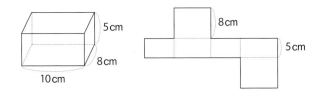

6 다음 그림의 변 사이의 간격이 모두 같다고 할 때, 크고 작은 둔각은 모두 몇 개입니까?

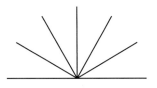

7 □ 안에 알맞은 수를 써넣으시오.

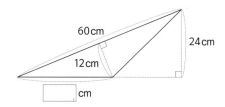

8 도형에서 각 ㉠, ㉡, ㉢의 크기의 합을 구하시오.

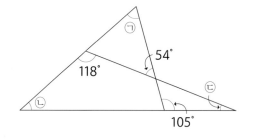

9 다음 그림과 같이 직사각형 모양의 종이를 자르면, 사다리꼴은 몇 개 만들어지는지 구하시오.

10 그림과 같이 직사각형으로 이루어진 꽃밭이 있습니다. 이 꽃밭의 넓이는 몇 cm²인지 구하시오.

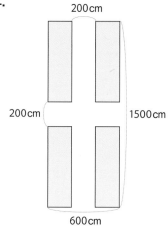

11 모든 각이 직각인 도형의 색칠한 부분의 넓이를 구하려고 합니다. □ 안에 알맞은 수를 차례대로 써넣으시오.

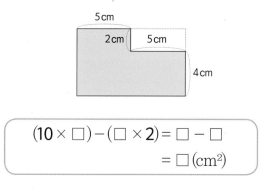

$$(10 \times \square) - (\square \times 2) = \square - \square$$
$$= \square \, (cm^2)$$

12 삼각자를 사용하여 만든 것입니다. 각 ㉠과 ㉡의 크기의 합은 3직각(270°)보다 얼마나 큽니까?(한 삼각자의 세 각의 크기는 30°, 60°, 90°이고 다른 하나는 90°, 45°, 45°입니다.)

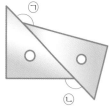

135

1 □ 안에 알맞은 각도를 써넣으시오.

2 민지와 수혁이는 크기가 다른 천을 가지고 있습니다. 누구의 천이 몇 cm² 더 넓습니까?

> 민지 : 가로가 180cm, 세로가 220cm인 직사각형 모양
>
> 수혁 : 한 변의 길이가 2m인 정사각형 모양

3 전개도를 이용하여 만든 직육면체의 겉넓이를 구하시오.

4 다음 그림과 같은 직육면체 모양의 그릇 (가)와 (나)가 있습니다. 그릇 (가)에 물을 가득 채운 후, 이 물을 그릇 (나)에 모두 부으면 그릇 (나)에 담긴 물의 높이는 몇 cm가 되겠습니까?

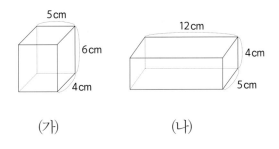

(가)   (나)

5 이등변삼각형을 모두 찾아 기호를 쓰시오.

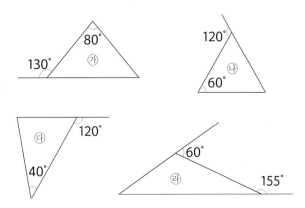

6 그림과 같이 삼각형 ㄱㄴㄷ을 꼭짓점 ㄱ이 변 ㄴㄷ 위의 점 ㄹ과 닿도록 접었습니다. 각 ㉮의 크기를 구하시오.

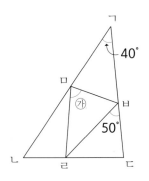

7 다음 정육면체의 전개도에서 서로 마주 보는 면의 수의 합이 10이 되도록 하는 수 ㉠, ㉡, ㉢을 구하시오.

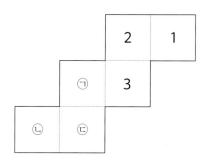

8 다음 사각기둥의 전개도에서 모서리 ㅍㅎ과 겹쳐지는 모서리는 어느 것입니까?

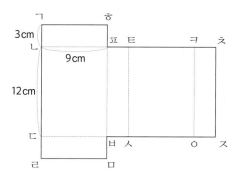

① 모서리 ㅂㅁ　　② 모서리 ㅂㅅ
③ 모서리 ㅅㅇ　　④ 모서리 ㅍㅌ
⑤ 모서리 ㄱㅎ

9 다음 직사각형을 선을 따라 오려 보고, □ 안에 알맞은 수를 써넣으시오.

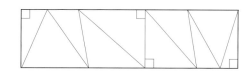

⇒ (둔각삼각형의 수) + (직각삼각형의 수)
　 − (예각삼각형의 수) = □ 개

10 직사각형의 넓이는 150 cm²입니다. 색칠한 부분의 넓이는 몇 cm²입니까?

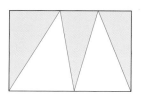

11 다음과 같이 반지름이 6 cm인 원을 한없이 잘라 붙여 직사각형 ㄱㄴㄷㄹ을 만들었습니다. 이때 삼각형 ㄱㄴㅁ의 넓이가 사각형의 넓이의 $\frac{1}{6}$이면 선분 ㄴㅁ의 길이는 몇 cm입니까? (원주율=3.1)

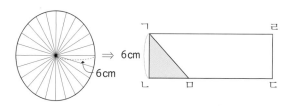

12 다음과 같은 정육면체의 전개도를 접었을 때의 모양은 어느 것입니까?

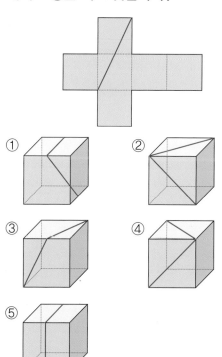

개념 테스트

앞에서 공부한 내용을 오래 기억하고 제대로 이해하기 위한 '개념 테스트' 활동을 해 보아요.

❶ 공부한 내용을 떠올리며 개념 테스트를 하세요.
   테스트 진행 중에는 절대로 앞 내용을 보지 않고, 힘들어도 내용을 떠올려 보세요!

❷ 개념 테스트가 끝난 후, 개념 내용을 확인하여 부족하거나 잘못 쓴 내용을 보충하세요.

1. 선분, 반직선, 직선, 각에 대해 각각 설명하시오.

2. 삼각형의 종류와 성질에 대해 설명하시오.

3. 사각형의 종류와 성질에 대해 설명하시오.

4. 여러 가지 사각형 사이의 포함 관계에 대해 설명하시오.

5. 다각형의 대각선의 성질에 대해 설명하시오.

6. 각기둥과 각뿔에 대해 설명하시오.

memo

memo

한 권으로 초등 수학 끝

: 정답 및 해설

한 권으로 초등 수학 끝

:정답 및 해설

I 수와 연산

01 자연수의 혼합 계산

개념 확인   p.13

1 ⓛ → ㉢ → ㉣ → ㉠ → ㉤

2 (1) 30 (2) 41 (3) 43

풀이 과정

1 (괄호) → (곱셈, 나눗셈) → (덧셈, 뺄셈)의 순서로 계산하므로 주어진 식의 계산 순서는 다음과 같습니다.

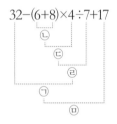

$$32-(6+8)\times4\div7+17$$

2 (1) $(72-34)\div19\times\{30-(8+4)-3\}$ ⎬ 소괄호 계산
$=38\div19\times\{30-12-3\}$ ⎬ 중괄호 계산(뺄셈은 차례로 계산)
$=38\div19\times15$ ⎬ 나눗셈 계산
$=2\times15$ ⎬ 곱셈 계산
$=30$

(2) $76-34\div2-\{5\times4\div2-(8+4)\div3\}\times3$ ⎬ 소괄호 계산
$=76-34\div2-\{5\times4\div2-12\div3\}\times3$ ⎬ 중괄호 안의 곱셈, 나눗셈 먼저 계산
$=76-34\div2-\{10-4\}\times3$ ⎬ 중괄호 안의 뺄셈 계산
$=76-34\div2-6\times3$ ⎬ 곱셈과 나눗셈 계산
$=76-17-18$ ⎬ 뺄셈을 차례로 계산
$=41$

(3) $25+[4\times(2+3)-\{12+(8-4)\div2\}]\times3$ ⎬ 소괄호 계산
$=25+[4\times5-\{12+4\div2\}]\times3$ ⎬ 중괄호 안의 나눗셈 먼저 계산
$=25+[4\times5-\{12+2\}]\times3$ ⎬ 중괄호 안의 덧셈 계산
$=25+[4\times5-14]\times3$ ⎬ 대괄호 안의 곱셈 계산
$=25+[20-14]\times3$ ⎬ 대괄호 안의 뺄셈 계산

$=25+6\times3$ ⎬ 곱셈 계산
$=25+18$ ⎬ 덧셈 계산
$=43$

개념 넓히기   p.14~17

1-1 ① 등 ② 포 ③ 등 ④ 포

1-2 해설 참조

2-1 곱셈식: $3\times5=15$, $5\times3=15$
나눗셈식: $15\div5=3$, $15\div3=5$

3-1 해설 참조

풀이 과정

1-1 ① 바둑돌 12개를 3개의 통에 똑같이 나누면 한 통에 4개씩 담을 수 있습니다. ⇒ 등분제
② 사과 24개를 6개씩 덜어 내면 4명에게 나누어 줄 수 있습니다. ⇒ 포함제
③ 사과 6개를 2명에게 똑같이 나누면 한 명당 3개씩 받을 수 있습니다. ⇒ 등분제
④ 과자 12개를 3개씩 묶어 내려면 4개의 접시가 필요합니다. ⇒ 포함제

1-2 ① 등분제 나눗셈 : 12개의 연필을 4명에게 똑같이 나누어 주면 한 명당 3개씩 받을 수 있습니다. (4개에 똑같이 나눈다는 의미가 있다면 다른 예도 맞습니다.)
② 포함제 나눗셈 : 12개의 사탕을 4개씩 포장하면 3개의 묶음을 만들 수 있습니다. (4개씩 묶어 낸다는 의미가 있다면 다른 예도 맞습니다.)

2-1 곱셈식 : $3\times5=15$, $5\times3=15$
나눗셈식 : $15\div5=3$, $15\div3=5$

3-1 (1) $\dfrac{0}{3}=0\div3$이므로 $\dfrac{0}{3}$의 값은 $0\div3$과 같습니다.
$0\div3$의 값을 □라 하면,
$0\div3=$□ ⇒ $3\times$□$=0$ (곱셈과 나눗셈의 관계 이용)
$3\times$□$=0$이 성립하려면 □에 알맞은 수는 □$=0$뿐입니다. 따라서 $\dfrac{0}{3}=0$입니다.

(2) $\dfrac{3}{0}=3\div0$이므로 $\dfrac{3}{0}$의 값은 $3\div0$과 같습니다.

$3÷0$의 값을 □라 하면,

$3÷0=□ \Rightarrow 0×□=3$ (곱셈과 나눗셈의 관계 이용)

$0×□=3$를 만족하는 □에 알맞은 수는 존재하지 않습니다. 따라서 $\frac{3}{0}$은 존재하지 않습니다.

(3) $\frac{0}{0}=0÷0$이므로 $\frac{0}{0}$의 값은 $0÷0$의 값으로 구해도 됩니다. $0÷0$의 값을 □라 하면,

$0÷0=□ \Rightarrow 0×□=0$ (곱셈과 나눗셈의 관계 이용)

$0×□=0$을 만족하는 □에 알맞은 수는 모든 수가 다 될 수 있습니다. 하지만 $0÷0=1$, $0÷0=2$, … 와 같이 모든 수가 가능하다고 할 때, $0÷0=1$이고, $0÷0=2$이므로 $1=2$라는 결론에 도달하게 됩니다. $1=2$는 성립하지 않으므로, $0÷0$의 값은 1이라 할 수도 없고, 2라고 할 수도 없습니다. 따라서 $\frac{0}{0}$의 값은 정의할 수 없습니다.

02 분수의 사칙 연산

개념 확인　　　　　　　　　　　p.19~37

1　$\frac{2}{10}, \frac{3}{15}, \frac{12}{60}$　　　　2　$\frac{12}{28}, \frac{15}{35}$

3　$\frac{2}{3}, \frac{5}{8}, \frac{1}{2}$　　　　　4　2, 4, 8

5　$\frac{12}{65}, \frac{17}{70}$

6　(1) $\frac{79}{60}$　(2) $\frac{13}{12}$　(3) $\frac{5}{4}$　(4) $\frac{5}{6}$

7　$\frac{11}{72}$ km　　　　8　$\frac{457}{120}$ m

9　(1) $\frac{14}{3}$　(2) $\frac{9}{2}$　(3) $\frac{55}{6}$　(4) $\frac{13}{3}$　(5) $\frac{23}{3}$

　　(6) $\frac{17}{3}$

10　14 km　　　　11　24명

12　(1) $\frac{1}{6}$　(2) $\frac{15}{8}$　(3) $\frac{41}{24}$　(4) 2　(5) $\frac{19}{18}$

　　(6) $\frac{47}{10}$

13　(1) $\frac{9}{10}$　(2) $\frac{9}{10}$　ⓐ, ⓒ

14　$\frac{3}{10}$

15　(1) $\frac{15}{8}$　(2) $\frac{8}{3}$　(3) $\frac{23}{6}$　(4) $\frac{28}{15}$　(5) $\frac{149}{20}$

16　(1) $\frac{4}{5}$　(2) $\frac{4}{5}$　ⓐ, ⓑ, ⓒ

17　$\frac{55}{7}$ m

18　그림은 해설 참조

　　ⓐ:3, ⓑ:3, ⓒ:3, ⓓ:8

19　(1) $\frac{17}{10}$　(2) $\frac{1}{3}$　(3) $\frac{14}{3}$　(4) $\frac{6}{5}$　(5) $\frac{1}{6}$

　　(6) $\frac{5}{3}$

20　$\frac{4}{7}$ L

21　그림은 해설 참조

　　ⓐ:2, ⓑ:3, ⓒ:10

22　(1) $\frac{17}{20}$　(2) $\frac{13}{6}$　(3) $\frac{9}{40}$

　　(4) $\frac{5}{24}$　(5) $\frac{2}{9}$　(6) 0

23　$\frac{29}{12}$ kg

24　(1) $\frac{11}{3}$　(2) $\frac{3}{4}$　(3) 2　(4) 3　(5) $\frac{9}{7}$　(5) $\frac{14}{15}$

25　4명　　　　　　26　철이, $\frac{6}{5}$배

27　해설 참조　　　　28　⑤

29　(1) $\frac{8}{15}$　(2) $\frac{5}{6}$　ⓑ

30　②, ③　　　　　　31　ⓐ, ⓑ, ⓒ

32　(1) $\frac{8}{3}$　(2) $\frac{29}{6}$　(3) $\frac{32}{27}$　(4) $\frac{1}{10}$

33　$\frac{25}{12}$ kg

풀이 과정

1　　은 $\frac{1}{5}$을 나타냅니다.

주어진 분수를 약분하여 나타내면 $\dfrac{\overset{1}{2}}{\underset{4}{8}}=\dfrac{1}{4}$, $\dfrac{\overset{1}{2}}{\underset{5}{10}}=\dfrac{1}{5}$, $\dfrac{\overset{1}{3}}{\underset{5}{15}}=\dfrac{1}{5}$, $\dfrac{\overset{2}{10}}{\underset{5}{25}}=\dfrac{2}{5}$, $\dfrac{\overset{1}{12}}{\underset{5}{60}}=\dfrac{1}{5}$ 입니다. 따라서 $\dfrac{1}{5}$과 크기가 같은 분수는 $\dfrac{2}{10}$, $\dfrac{3}{15}$, $\dfrac{12}{60}$입니다.

2 $\dfrac{3}{7}$의 분자, 분모에 같은 수를 곱하여 크기가 같은 분수를 만들면 $\dfrac{3}{7}=\dfrac{6}{14}=\dfrac{9}{21}=\dfrac{12}{28}=\dfrac{15}{35}=\dfrac{18}{42}=\cdots$ 입니다. 위 분수 중 분자와 분모의 합이 35보다 크고 55보다 작은 분수는 $\dfrac{12}{28}$, $\dfrac{15}{35}$입니다.

3 주어진 분수들의 분모를 24로 통분하여 나타내면 $\dfrac{1}{2}=\dfrac{12}{24}$, $\dfrac{2}{3}=\dfrac{16}{24}$, $\dfrac{5}{8}=\dfrac{15}{24}$입니다. 크기를 비교하면 $\dfrac{12}{24}<\dfrac{15}{24}<\dfrac{16}{24}$이므로 $\dfrac{1}{2}<\dfrac{5}{8}<\dfrac{2}{3}$입니다. 그러므로 큰 수부터 차례로 쓰면 $\dfrac{2}{3}$, $\dfrac{5}{8}$, $\dfrac{1}{2}$입니다.

4 $\dfrac{24}{64}$의 분자와 분모를 동시에 나눌 수 있는 수를 구합니다. 24는 1, 2, 3, 4, 6, 8, 12, 24로 나눌 수 있고, 64는 1, 2, 4, 8, 16, 32, 64로 나눌 수 있습니다. 그러므로 주어진 수 중 분자와 분모를 모두 나눌 수 있는 수는 2, 4, 8입니다.

5 12와 65를 동시에 나누어떨어지게 하는 수는 없습니다.
17과 70을 동시에 나누어떨어지게 하는 수는 없습니다.
13과 65는 13으로 나누어떨어지므로 13으로 약분할 수 있습니다.
27과 69는 3으로 나누어떨어지므로 3으로 약분할 수 있습니다.
42와 123은 3으로 나누어떨어지므로 3으로 약분할 수 있습니다.
따라서 기약분수는 $\dfrac{12}{65}$, $\dfrac{17}{70}$입니다.

6 (1) $\dfrac{2}{5}+\dfrac{1}{6}+\dfrac{3}{4}=\dfrac{24}{60}+\dfrac{10}{60}+\dfrac{45}{60}$ (통분)

$=\dfrac{24+10+45}{60}$ (분자끼리 덧셈)

$=\dfrac{79}{60}$

(2) $\dfrac{2}{3}+\dfrac{7}{6}-\dfrac{3}{4}=\dfrac{8}{12}+\dfrac{14}{12}-\dfrac{9}{12}$

$=\dfrac{8+14-9}{12}=\dfrac{13}{12}$

(3) $2\dfrac{3}{4}-\dfrac{7}{3}+\dfrac{5}{6}=\dfrac{11}{4}-\dfrac{7}{3}+\dfrac{5}{6}$ (대분수 → 가분수)

$=\dfrac{33}{12}-\dfrac{28}{12}+\dfrac{10}{12}$ (통분)

$=\dfrac{33-28+10}{12}$

$=\dfrac{\overset{5}{15}}{\underset{4}{12}}=\dfrac{5}{4}$

(4) $\dfrac{1}{4}+\dfrac{5}{3}-1\dfrac{1}{12}=\dfrac{1}{4}+\dfrac{5}{3}-\dfrac{13}{12}$

$=\dfrac{3}{12}+\dfrac{20}{12}-\dfrac{13}{12}$

$=\dfrac{\overset{5}{10}}{\underset{6}{12}}=\dfrac{5}{6}$

7 집에서 학교까지의 거리와 집에서 공원까지의 거리의 차이를 구하면 됩니다. 통분하여 비교하면,

(집~학교)$=\dfrac{5}{8}=\dfrac{45}{72}$(km)

(집~공원)$=\dfrac{7}{9}=\dfrac{56}{72}$(km)

(집~공원)-(집~학교)$=\dfrac{7}{9}-\dfrac{5}{8}=\dfrac{56}{72}-\dfrac{45}{72}=\dfrac{11}{72}$(km)

이므로 집에서 학교까지의 거리는 집에서 공원까지의 거리보다 $\dfrac{11}{72}$ km 더 가깝습니다.

8 종이 전체의 길이는 두 종이의 길이를 더한 뒤 겹치는 부분의 길이를 뺀 것과 같습니다.

$\dfrac{25}{12}+\dfrac{17}{8}-\dfrac{2}{5}=\dfrac{250}{120}+\dfrac{255}{120}-\dfrac{48}{120}$

$=\dfrac{250+255-48}{120}$

$=\dfrac{457}{120}$(m)

9 (1) $\overset{2}{12}\times\dfrac{7}{\underset{3}{18}}=\dfrac{14}{3}$

(2) $\dfrac{3}{\underset{2}{4}}\times\overset{3}{6}=\dfrac{9}{2}$

(3) $\dfrac{7}{\underset{3}{\cancel{18}}} \times \overset{2}{\cancel{12}} + \overset{3}{\cancel{6}} \times \dfrac{3}{\underset{2}{\cancel{4}}} = \dfrac{14}{3} + \dfrac{9}{2}$

$\qquad\qquad = \dfrac{28+27}{6} = \dfrac{55}{6}$

(4) $10 \times 1\dfrac{5}{6} - 1\dfrac{3}{4} \times 8 = \overset{5}{\cancel{10}} \times \dfrac{11}{\underset{3}{\cancel{6}}} - \dfrac{7}{\underset{1}{\cancel{4}}} \times \overset{2}{\cancel{8}}$

$\qquad\qquad = \dfrac{55}{3} - 14$

$\qquad\qquad = \dfrac{55}{3} - \dfrac{42}{3} = \dfrac{13}{3}$

(5) $4 \times \dfrac{5}{8} - 2 \times \dfrac{12}{16} + 2\dfrac{2}{9} \times 3$

$= \overset{1}{\cancel{4}} \times \dfrac{5}{\underset{2}{\cancel{8}}} - \overset{1}{\cancel{2}} \times \dfrac{12}{\underset{8}{\cancel{16}}} + \dfrac{20}{\underset{3}{\cancel{9}}} \times \overset{1}{\cancel{3}}$

$= \dfrac{5}{2} - \dfrac{\overset{3}{\cancel{12}}}{\underset{2}{\cancel{8}}} + \dfrac{20}{3}$

$= \dfrac{\overset{1}{\cancel{2}}}{\underset{1}{\cancel{2}}} + \dfrac{20}{3}$

$= 1 + \dfrac{20}{3}$

$= \dfrac{3}{3} + \dfrac{20}{3} = \dfrac{23}{3}$

(6) $20 \times \dfrac{11}{12} - \left\{ \left(2 - \dfrac{8}{9}\right) \times 3 - 1\dfrac{3}{4} \right\} \times 8$

$= 20 \times \dfrac{11}{12} - \left\{ \left(\dfrac{18}{9} - \dfrac{8}{9}\right) \times 3 - \dfrac{7}{4} \right\} \times 8$

$= \overset{5}{\cancel{20}} \times \dfrac{11}{\underset{3}{\cancel{12}}} - \left\{ \dfrac{10}{\underset{3}{\cancel{9}}} \times \overset{1}{\cancel{3}} - \dfrac{7}{4} \right\} \times 8$

$= \dfrac{55}{3} - \left\{ \dfrac{10}{3} - \dfrac{7}{4} \right\} \times 8$

$= \dfrac{55}{3} - \left(\dfrac{40-21}{12} \right) \times 8$

$= \dfrac{55}{3} - \left(\dfrac{19}{\underset{3}{\cancel{12}}} \right) \times \overset{2}{\cancel{8}}$

$= \dfrac{55}{3} - \dfrac{38}{3} = \dfrac{17}{3}$

10 1분에 $1\dfrac{2}{5}$만큼 앞으로 가므로, 10분 동안에는 $1\dfrac{2}{5}$ $\times 10$만큼 앞으로 갑니다.

$1\dfrac{2}{5} \times 10 = \dfrac{7}{\underset{1}{\cancel{5}}} \times \overset{2}{\cancel{10}} = 14\,(km)$

따라서 움직인 거리는 14km입니다.

11 360명의 $\dfrac{1}{6}$이 6학년이므로

(6학년 학생 수)$= \overset{60}{\cancel{360}} \times \dfrac{1}{\underset{1}{\cancel{6}}} = 60$(명)이고,

6학년 60명의 $\dfrac{2}{5}$가 여학생이므로

(6학년 여학생 수)$= \overset{12}{\cancel{60}} \times \dfrac{2}{\underset{1}{\cancel{5}}} = 24$(명)입니다.

12 (1) $\dfrac{1}{\underset{2}{\cancel{4}}} \times \dfrac{\overset{1}{\cancel{2}}}{3} = \dfrac{1}{6}$

(2) $\dfrac{\overset{3}{\cancel{9}}}{14} \times \dfrac{\overset{5}{\cancel{35}}}{\underset{4}{\cancel{12}}} = \dfrac{15}{8}$

(3) $\dfrac{\overset{3}{\cancel{9}}}{\underset{2}{\cancel{14}}} \times \dfrac{\overset{5}{\cancel{35}}}{\underset{4}{\cancel{12}}} - \dfrac{1}{\underset{2}{\cancel{4}}} \times \dfrac{\overset{1}{\cancel{2}}}{3} = \dfrac{15}{8} - \dfrac{1}{6}$

$\qquad\qquad = \dfrac{45}{24} - \dfrac{4}{24}$

$\qquad\qquad = \dfrac{41}{24}$

(4) $\dfrac{\overset{1}{\cancel{3}}}{\underset{1}{\cancel{8}}} \times \dfrac{\overset{1}{\cancel{8}}}{\underset{1}{\cancel{3}}} + \dfrac{\overset{1}{\cancel{8}}}{\underset{1}{\cancel{3}}} \times \dfrac{\overset{1}{\cancel{3}}}{\underset{1}{\cancel{8}}} = 1 + 1 = 2$

(5) $\left(\dfrac{11}{6} + \dfrac{5}{4} \right) \times \dfrac{18}{37} - \dfrac{5}{6} \times \dfrac{8}{15}$

$= \left(\dfrac{22}{12} + \dfrac{15}{12} \right) \times \dfrac{18}{37} - \dfrac{5}{6} \times \dfrac{8}{15}$

$= \left(\dfrac{\overset{1}{\cancel{37}}}{\underset{2}{\cancel{12}}} \right) \times \dfrac{\overset{3}{\cancel{18}}}{\underset{1}{\cancel{37}}} - \dfrac{\overset{1}{\cancel{5}}}{\underset{3}{\cancel{6}}} \times \dfrac{\overset{4}{\cancel{8}}}{\underset{3}{\cancel{15}}}$

$= \dfrac{3}{2} - \dfrac{4}{9}$

$= \dfrac{27}{18} - \dfrac{8}{18}$

$= \dfrac{19}{18}$

(6) $\dfrac{8}{5} + \dfrac{21}{10} \times \dfrac{15}{7} - \left(\dfrac{2}{5} + \dfrac{9}{2} \right) \times \dfrac{2}{7}$

$= \dfrac{8}{5} + \dfrac{21}{10} \times \dfrac{15}{7} - \left(\dfrac{4}{10} + \dfrac{45}{10} \right) \times \dfrac{2}{7}$

$= \dfrac{8}{5} + \dfrac{\overset{3}{\cancel{21}}}{\underset{2}{\cancel{10}}} \times \dfrac{\overset{3}{\cancel{15}}}{\underset{1}{\cancel{7}}} - \left(\dfrac{\overset{7}{\cancel{49}}}{\underset{5}{\cancel{10}}} \right) \times \dfrac{\overset{1}{\cancel{2}}}{\underset{1}{\cancel{7}}}$

$= \dfrac{8}{5} + \dfrac{9}{2} - \dfrac{7}{5}$

$= \dfrac{16}{10} + \dfrac{45}{10} - \dfrac{14}{10}$

$= \dfrac{47}{10}$

13 (1) $\dfrac{\overset{3}{\cancel{6}}}{5} \times \dfrac{3}{\underset{2}{\cancel{4}}} = \dfrac{9}{10}$　　(2) $\dfrac{3}{\underset{2}{\cancel{4}}} \times \dfrac{\overset{3}{\cancel{6}}}{5} = \dfrac{9}{10}$

㉠ 두 분수의 곱셈은 두 분수의 위치를 바꾸어 계산해도 같은 결과가 나온다. (○)

5

ⓒ 분자와 분모에 같은 수가 곱해진 경우, 분자와 분모를 약분하여 계산할 수 있다. (○)

ⓓ 어떤 수에 진분수를 곱한 값은 처음의 수보다 크다. (×)

어떤 수에 진분수를 곱한 값은 처음의 수보다 작아지기 때문입니다.

ⓔ 어떤 수에 가분수를 곱한 값은 처음의 수보다 작다. (×)

어떤 수에 가분수를 곱한 값은 처음의 수보다 커지기 때문입니다.

14 어제까지 소설책 한 권의 $\frac{1}{4}$을 읽었으므로, 남은 부분은 전체의 $\frac{3}{4}$입니다. 남은 부분의 $\frac{2}{5}$를 오늘 읽었으므로, 오늘 읽은 양은 $\overset{3}{\underset{2}{\cancel{\frac{3}{4}}}} \times \overset{1}{\cancel{\frac{2}{5}}} = \frac{3}{10}$입니다.

15 (1) $\overset{3}{\underset{4}{\cancel{\frac{21}{12}}}} \times \overset{5}{\underset{2}{\cancel{\frac{15}{14}}}} = \frac{15}{8}$

(2) $2\frac{4}{9} \times \frac{12}{11} = \overset{2}{\underset{3}{\cancel{\frac{22}{9}}}} \times \overset{4}{\underset{1}{\cancel{\frac{12}{11}}}} = \frac{8}{3}$

(3) $1\frac{2}{3} \times 2\frac{3}{10} = \overset{1}{\underset{3}{\cancel{\frac{5}{3}}}} \times \overset{23}{\underset{2}{\cancel{\frac{23}{10}}}} = \frac{23}{6}$

(4) $\frac{7}{11} \times \frac{8}{5} \times 1\frac{5}{6} = \overset{7}{\underset{1}{\cancel{\frac{7}{11}}}} \times \frac{8}{5} \times \overset{1}{\underset{3}{\cancel{\frac{11}{6}}}} = \frac{28}{15}$

(5) $\frac{21}{10} \times \frac{3}{22} \times 1\frac{4}{7} + 2\frac{2}{5} \times \frac{15}{8} \times 1\frac{5}{9}$

$= \overset{3}{\underset{10}{\cancel{\frac{21}{10}}}} \times \frac{3}{\underset{2}{\cancel{22}}} \times \overset{\cancel{11}}{\underset{1}{\cancel{\frac{11}{7}}}} + \overset{\cancel{12}}{\underset{5}{\cancel{\frac{12}{5}}}} \times \overset{\cancel{15}}{\underset{2}{\cancel{\frac{15}{8}}}} \times \overset{7}{\underset{3}{\cancel{\frac{14}{9}}}}$

$= \frac{9}{20} + 7$

$= \frac{9}{20} + \frac{140}{20} = \frac{149}{20}$

16 (1) $\left(\overset{3}{\underset{5}{\cancel{\frac{6}{5}}}} \times \frac{3}{4} \right) \times \frac{8}{9} = \overset{9}{\underset{10}{\cancel{\frac{9}{10}}}} \times \overset{8}{\underset{1}{\cancel{\frac{8}{9}}}} = \frac{4}{5}$

(2) $\frac{6}{5} \times \left(\overset{1}{\underset{1}{\cancel{\frac{3}{4}}}} \times \overset{2}{\underset{3}{\cancel{\frac{8}{9}}}} \right) = \frac{6}{5} \times \overset{2}{\underset{3}{\cancel{\frac{2}{3}}}} = \frac{4}{5}$

ⓐ 세 분수의 곱셈은 곱셈의 순서를 바꾸어 계산해도 같은 결과가 나온다. (○)

ⓑ 분수의 곱셈에서는 분자와 분모를 약분하여 계산할 수 있다. (○)

ⓒ $\overset{2}{\underset{9}{\cancel{\frac{8}{9}}}} \times \overset{1}{\underset{4}{\cancel{\frac{3}{4}}}} \times \overset{2}{\underset{5}{\cancel{\frac{6}{5}}}} = \frac{4}{5}$이므로, 숫자의 위치를 바꾸어 계산해도 결과는 같습니다. (○)

17 영수가 10m의 $\frac{3}{7}$을 썼으므로,

(영수가 쓴 끈의 길이)$=10 \times \frac{3}{7}$(m)입니다.

경수는 영수가 쓴 길이의 $\frac{5}{6}$를 썼으므로,

(경수가 쓴 끈의 길이)$=\left(10 \times \frac{3}{7}\right) \times \frac{5}{6}$(m)입니다.

(사용한 끈의 길이)
=(영수가 사용한 길이)+(경수가 사용한 길이)

$=10 \times \frac{3}{7} + \left(10 \times \frac{3}{7}\right) \times \frac{5}{6}$

$=10 \times \frac{3}{7} + 10 \times \overset{1}{\underset{7}{\cancel{\frac{3}{7}}}} \times \overset{5}{\underset{1}{\cancel{\frac{5}{6}}}}$

$=\frac{30}{7} + \frac{25}{7}$

$=\frac{55}{7}$(m)

18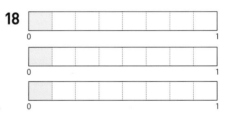

3을 8로 나눈 몫은 그림과 같이 1을 8로 나눈 몫이 ⓐ:3개 있는 것과 같습니다.

그러므로 ⓑ:3$\times \frac{1}{8}$과 같습니다.

따라서 $3 \div 8 = \dfrac{\boxed{ⓒ:3}}{\boxed{ⓓ:8}}$

19 (1) $1 \div 5 + 3 \div 2 = \frac{1}{5} + \frac{3}{2}$

$= \frac{2}{10} + \frac{15}{10}$

$= \frac{17}{10}$

(2) $0 \div 3 + 11 \div 6 - 6 \div 4 = \frac{0}{3} + \frac{11}{6} - \overset{3}{\underset{2}{\cancel{\frac{6}{4}}}}$

$= 0 + \frac{11}{6} - \frac{3}{2}$

$= \frac{11}{6} - \frac{9}{6}$

$= \overset{1}{\underset{3}{\cancel{\frac{2}{6}}}} = \frac{1}{3}$

(3) $(7 \div 12) \times 8 = \frac{7}{\cancel{12}_3} \times \cancel{8}^2$
$= \frac{14}{3}$

(4) $(3 \div 7) \times (14 \div 5) = \frac{3}{\cancel{7}_1} \times \frac{\cancel{14}^2}{5}$
$= \frac{6}{5}$

(5) $(2 \div 3) \times (6 \div 8) - 12 \div 36 = \frac{\cancel{2}^1}{3} \times \frac{\cancel{6}^{\cancel{3}}}{\cancel{8}_{\cancel{4}2}} - \frac{\cancel{12}^1}{\cancel{36}_3}$
$= \frac{1}{2} - \frac{1}{3}$
$= \frac{3-2}{2 \times 3} = \frac{1}{6}$

(6) $\left(\frac{7}{3} \times \frac{5}{4} + \frac{1}{12}\right) \div 6 + (7 \div 3) \times \frac{1}{2}$
$= \left(\frac{35}{12} + \frac{1}{12}\right) \div 6 + (7 \div 3) \times \frac{1}{2}$
$= \left(\frac{\cancel{36}^3}{\cancel{12}_1}\right) \div 6 + \left(\frac{7}{3}\right) \times \frac{1}{2}$
$= \frac{3}{6} + \frac{7}{6}$
$= \frac{\cancel{10}^5}{\cancel{6}_3} = \frac{5}{3}$

20 6병에 들어 있는 음료수 전체의 양은 $\frac{2}{\cancel{3}_1} \times \cancel{6}^2 = 4$(L)입니다. 음료수 전부를 7개의 컵에 똑같이 나누어 담을 때, 한 컵에 들어가는 음료수의 양은 $4 \div 7 = \frac{4}{7}$(L)입니다.

21

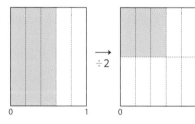

$\frac{3}{5}$ 을 2로 나눈 몫은 그림과 같이

$\frac{3}{5}$ 을 2등분한 것이므로 $\frac{3}{5}$ 의 $\frac{1}{2}$ 과 같습니다.

따라서 $\frac{3}{5} \div 2 = \frac{3}{5} \times \frac{1}{\boxed{\textcircled{\footnotesize ㉠}:2}} = \frac{\boxed{\textcircled{\footnotesize ㉡}:3}}{\boxed{\textcircled{\footnotesize ㉢}:10}}$

22 (1) $\frac{3}{4} \div 5 + \frac{7}{10} = \frac{3}{4} \times \frac{1}{5} + \frac{7}{10}$

$= \frac{3}{20} + \frac{7}{10}$
$= \frac{3}{20} + \frac{14}{20} = \frac{17}{20}$

(2) $\frac{3}{2} + \frac{10}{3} \div 5 = \frac{3}{2} + \frac{\cancel{10}^2}{3} \times \frac{1}{\cancel{5}_1}$
$= \frac{3}{2} + \frac{2}{3}$
$= \frac{9}{6} + \frac{4}{6} = \frac{13}{6}$

(3) $\left(\frac{3}{4} \div 6\right) + \left(1\frac{3}{5} \div 16\right) = \left(\frac{\cancel{3}^1}{4} \times \frac{1}{\cancel{6}_2}\right) + \left(\frac{\cancel{8}^1}{5} \times \frac{1}{\cancel{16}_2}\right)$
$= \left(\frac{1}{8}\right) + \left(\frac{1}{10}\right)$
$= \frac{5}{40} + \frac{4}{40} = \frac{9}{40}$

(4) $\left(1\frac{1}{6} \div 2\right) - \left(2\frac{1}{4} \div 6\right) = \left(\frac{7}{6} \times \frac{1}{2}\right) - \left(\frac{\cancel{9}^3}{4} \times \frac{1}{\cancel{6}_2}\right)$
$= \frac{7}{12} - \frac{3}{8}$
$= \frac{14}{24} - \frac{9}{24} = \frac{5}{24}$

(5) $\left(\frac{4}{5} \div 3\right) \times \left(3\frac{1}{3} \div 4\right) = \left(\frac{4}{5} \times \frac{1}{3}\right) \times \left(\frac{10}{3} \times \frac{1}{4}\right)$
$= \frac{4 \times 1}{\cancel{5}_1 \times 3} \times \frac{\cancel{10}^2 \times 1}{3 \times \cancel{4}_1}$
$= \frac{2}{9}$

(6) $\left(\frac{6}{5} + \frac{5}{4}\right) \div 3 - \left(2\frac{1}{3} \times \frac{7}{4}\right) \div 5$
$= \left(\frac{24+25}{20}\right) \div 3 - \left(\frac{7}{3} \times \frac{7}{4}\right) \div 5$
$= \left(\frac{49}{20}\right) \times \frac{1}{3} - \left(\frac{49}{12}\right) \times \frac{1}{5}$
$= \frac{49}{60} - \frac{49}{60} = 0$

23 멜론 $8\frac{1}{3}$ kg과 수박 $3\frac{3}{4}$ kg을 합한 양을 5명에게 나누어 주므로 한 사람이 가져가는 양은

$\left(8\frac{1}{3} + 3\frac{3}{4}\right) \div 5 = \left(\frac{25}{3} + \frac{15}{4}\right) \div 5$
$= \left(\frac{100}{12} + \frac{45}{12}\right) \div 5$

$$=\left(\frac{145}{12}\right)\div 5$$

$$=\frac{\overset{29}{145}}{12}\times\frac{1}{\underset{1}{5}}=\frac{29}{12}(kg)$$

24 (1) $\dfrac{4}{7}\div\dfrac{2}{7}+\dfrac{5}{8}\div\dfrac{3}{8}=4\div 2+5\div 3$

$$=2+\frac{5}{3}$$

$$=\frac{6}{3}+\frac{5}{3}=\frac{11}{3}$$

(2) $\dfrac{2}{3}\div\dfrac{1}{3}-\dfrac{5}{7}\div\dfrac{4}{7}=2\div 1-5\div 4$

$$=2-\frac{5}{4}$$

$$=\frac{8}{4}-\frac{5}{4}=\frac{3}{4}$$

(3) $\left(\dfrac{4}{3}+\dfrac{2}{7}\right)\div\dfrac{17}{21}=\left(\dfrac{4\times 7+2\times 3}{3\times 7}\right)\div\dfrac{17}{21}$

$$=\left(\frac{28+6}{21}\right)\div\frac{17}{21}$$

$$=\left(\frac{34}{21}\right)\div\frac{17}{21}$$

$$=34\div 17$$

$$=2$$

(4) $\dfrac{3}{5}+\dfrac{12}{7}\div\dfrac{5}{7}=\dfrac{3}{5}+12\div 5$

$$=\frac{3}{5}+\frac{12}{5}$$

$$=\frac{\overset{3}{15}}{\underset{1}{5}}=3$$

(5) $\left(\dfrac{7}{2}-\dfrac{2}{3}\right)\div\dfrac{7}{6}-\dfrac{8}{5}\div\dfrac{7}{5}=\dfrac{21-4}{6}\div\dfrac{7}{6}-8\div 7$

$$=\frac{17}{6}\div\frac{7}{6}-\frac{8}{7}$$

$$=17\div 7-\frac{8}{7}$$

$$=\frac{17}{7}-\frac{8}{7}$$

$$=\frac{9}{7}$$

(6) $\left\{\left(\dfrac{9}{4}-\dfrac{5}{3}\right)\div\dfrac{5}{12}\right\}\div\dfrac{3}{5}-\dfrac{7}{8}\div\dfrac{5}{8}$

$$=\left\{\left(\frac{27-20}{12}\right)\div\frac{5}{12}\right\}\div\frac{3}{5}-\frac{7}{8}\div\frac{5}{8}$$

$$=\left\{\frac{7}{12}\div\frac{5}{12}\right\}\div\frac{3}{5}-\frac{7}{8}\div\frac{5}{8}$$

$$=\{7\div 5\}\div\frac{3}{5}-\frac{7}{8}\div\frac{5}{8}$$

$$=\frac{7}{5}\div\frac{3}{5}-\frac{7}{8}\div\frac{5}{8}$$

$$=7\div 3-7\div 5$$

$$=\frac{7}{3}-\frac{7}{5}$$

$$=\frac{35-21}{15}$$

$$=\frac{14}{15}$$

25 우유 $\dfrac{12}{17}$ L를 한 사람당 $\dfrac{3}{17}$ L씩 나누어 마시므로 마실 수 있는 사람의 수는 $\dfrac{12}{17}\div\dfrac{3}{17}=12\div 3=4$(명) 입니다.

26 철이와 승재의 책가방 무게가 각각 $\dfrac{42}{11}$ kg, $\dfrac{35}{11}$ kg 이므로 철이의 책가방 무게가 더 무겁습니다. 몇 배 만큼 무거운지 구하려면 철이의 책가방 무게를 승재의 책가방 무게로 나누면 됩니다.

$$\frac{42}{11}\div\frac{35}{11}=42\div 35$$

$$=\frac{\overset{6}{42}}{\underset{5}{35}}=\frac{6}{5}(배)$$

27 방법1. 통분하여 계산

$$\frac{7}{15}\div\frac{14}{11}=\frac{7\times 11}{15\times 11}\div\frac{14\times 15}{11\times 15}$$

$$=\frac{77}{165}\div\frac{210}{165}$$

$$=77\div 210$$

$$=\frac{\overset{11}{77}}{\underset{30}{210}}$$

$$=\frac{11}{30}$$

방법2. 곱셈으로 바꾸어 계산

$$\frac{7}{15}\div\frac{14}{11}=\frac{\overset{1}{7}}{15}\times\frac{11}{\underset{2}{14}}$$

$$=\frac{11}{30}$$

곱셈으로 바꾸어 계산하는 것이 편리합니다.

28 ① $\frac{3}{5} \div \frac{7}{10} = \frac{6}{10} \div \frac{7}{10} = 6 \div 7$ (○)

② $\frac{1}{10} \div \frac{1}{3} = \frac{1}{10} \times 3$ (○)

③ $\frac{17}{15} \div \frac{5}{3} = \frac{17}{15} \times \frac{3}{5}$ (○)

④ $\frac{8}{13} \div \frac{4}{7} = \frac{56}{91} \div \frac{52}{91} = 56 \div 52$ (○)

⑤ $\frac{13}{10} \div \frac{7}{9} = \frac{10}{13} \times \frac{7}{9}$ (×)

바른 계산식은 $\frac{13}{10} \div \frac{7}{9} = \frac{13}{10} \times \frac{9}{7}$입니다.

29 (1) $\left(\frac{5}{4} \div \frac{15}{8}\right) \times \frac{4}{5} = \left(\frac{\cancel{5}^{1}}{\cancel{4}_{1}} \times \frac{\cancel{8}^{2}}{\cancel{15}_{3}}\right) \times \frac{4}{5}$

$\qquad\qquad = \left(\frac{2}{3}\right) \times \frac{4}{5}$

$\qquad\qquad = \frac{8}{15}$

(2) $\frac{5}{4} \div \left(\frac{\cancel{15}^{3}}{\cancel{8}_{2}} \times \frac{\cancel{4}^{1}}{\cancel{5}_{1}}\right) = \frac{5}{4} \div \left(\frac{3}{2}\right)$

$\qquad\qquad = \frac{5}{\cancel{4}_{2}} \times \frac{2}{3}$

$\qquad\qquad = \frac{5}{6}$

㉠ $\frac{5}{4} \div \frac{15}{8} \times \frac{4}{5}$의 계산은 $\frac{5}{4} \div \left(\frac{15}{8} \times \frac{4}{5}\right)$으로 계산해도 같은 결과가 나온다. (×)

㉡ $\frac{5}{4} \div \frac{15}{8} \times \frac{4}{5}$을 바르게 계산한 것은 (1)이다. (○)

㉢ 숫자의 위치를 바꾸어 $\frac{5}{4} \div \frac{4}{5} \times \frac{15}{8}$로 계산해도 결과는 같다. (×)

$\frac{5}{4} \div \frac{4}{5} \times \frac{15}{8} = \frac{5}{4} \times \frac{5}{4} \times \frac{15}{8}$

$\qquad\qquad = \frac{5 \times 5 \times 15}{4 \times 4 \times 8} = \frac{375}{128}$

이므로, $\frac{5}{4} \div \frac{15}{8} \times \frac{4}{5}$과 계산 결과가 다릅니다.

30

혼자서도 풀 수 있다, 단계별 힌트!

1단계	÷(분수)는 ×(분수의 역수)로 계산합니다.

① $\frac{3}{5} \div \frac{7}{10} = \frac{3}{5} \times \frac{7}{10}$ (×)

바른 계산: $\frac{3}{5} \div \frac{7}{10} = \frac{3}{5} \times \frac{10}{7}$

② $\frac{1}{10} \div 3 = \frac{1}{10} \times \frac{1}{3}$ (○)

③ $10 \div \frac{5}{3} = \frac{10}{1} \times \frac{3}{5}$ (○)

④ $\frac{8}{13} \div \frac{1}{4} = \frac{13}{8} \times \frac{1}{4}$ (×)

바른 계산: $\frac{8}{13} \times 4$

⑤ $\frac{13}{10} \div \frac{7}{9} = \frac{13}{7} \times \frac{10}{9}$ (×)

바른 계산: $\frac{13}{10} \times \frac{9}{7}$

31

혼자서도 풀 수 있다, 단계별 힌트!

1단계	÷(분수)는 ×(분수의 역수)로 계산합니다.

각각의 몫을 계산하면,

㉠ : $\square \div \frac{1}{2} = \square \times \frac{2}{1} = \square \times 2$

㉡ : $\square \div \frac{3}{5} = \square \times \frac{5}{3}$

㉢ : $\square \div \frac{5}{7} = \square \times \frac{7}{5}$

곱해진 수가 클수록 계산한 값이 크므로, 각각에 곱해진 수를 통분하여 비교해 봅니다.

$2 = \frac{30}{15}, \quad \frac{5}{3} = \frac{25}{15}, \quad \frac{7}{5} = \frac{21}{15}$

큰 것부터 나열하면 ㉠, ㉡, ㉢입니다.

32

혼자서도 풀 수 있다, 단계별 힌트!

1단계	혼합 계산의 순서를 생각합니다.
2단계	÷(분수)는 ×(분수의 역수)로 계산합니다.

(1) $4 \times \left(\frac{4}{3} + \frac{2}{\cancel{6}_{3}}^{1}\right) \div \frac{5}{2} = 4 \times \left(\frac{5}{3}\right) \div \frac{5}{2}$

$\qquad\qquad = \left(\frac{4 \times 5}{3}\right) \div \frac{5}{2}$

$\qquad\qquad = \frac{4 \times \cancel{5}^{1}}{3} \times \frac{2}{\cancel{5}_{1}}$

$\qquad\qquad = \frac{8}{3}$

(2) $2\frac{2}{3} \div \frac{4}{7} \div \frac{4}{3} + 2 \times \frac{3}{4} \div \frac{9}{8}$

$= \frac{8}{3} \div \frac{4}{7} \div \frac{4}{3} + 2 \times \frac{3}{4} \div \frac{9}{8}$

$= \frac{\cancel{8}^{2}}{3} \times \frac{7}{\cancel{4}_{1}} \times \frac{3}{\cancel{4}_{2}} + 2 \times \frac{3}{\cancel{4}_{2}} \times \frac{\cancel{8}^{2}}{\cancel{9}_{3}}$

$$= \frac{7}{2} + \frac{4}{3}$$

$$= \frac{21+8}{6}$$

$$= \frac{29}{6}$$

(3) $\frac{8}{27} + \left(1 - \frac{1}{3}\right) \div \left(\frac{5}{6} - \frac{3}{4} \div 9\right)$에서 각각의 소괄호를 먼저 계산합니다.

$$\left(1 - \frac{1}{3}\right) = \frac{3}{3} - \frac{1}{3} = \frac{2}{3}$$

$$\left(\frac{5}{6} - \frac{3}{4} \div 9\right) = \frac{5}{6} - \frac{\overset{1}{3}}{4} \times \frac{1}{\underset{3}{9}}$$

$$= \frac{5}{6} - \frac{1}{12}$$

$$= \frac{10}{12} - \frac{1}{12}$$

$$= \frac{\overset{3}{9}}{\underset{4}{12}} = \frac{3}{4}$$

따라서 주어진 식을 계산하면 다음과 같습니다.

$$\frac{8}{27} + \left(1 - \frac{1}{3}\right) + \left(\frac{5}{6} - \frac{3}{4} \div 9\right)$$

$$= \frac{8}{27} + \left(\frac{2}{3}\right) \div \left(\frac{3}{4}\right)$$

$$= \frac{8}{27} + \frac{2}{3} \times \frac{4}{3}$$

$$= \frac{8}{27} + \left(\frac{8}{9}\right)$$

$$= \frac{8}{27} + \frac{24}{27}$$

$$= \frac{32}{27}$$

(4) $\frac{9}{4} \times \left\{\frac{5}{8} - \left(\frac{7}{12} \div \frac{5}{6} - \frac{3}{10}\right)\right\} \div \frac{81}{16}$에서 소괄호, 중괄호를 계산한 식의 값은

$$\left\{\frac{5}{8} - \left(\frac{7}{12} \div \frac{5}{6} - \frac{3}{10}\right)\right\} = \left\{\frac{5}{8} - \left(\frac{7}{\underset{2}{12}} \times \frac{\overset{1}{6}}{5} - \frac{3}{10}\right)\right\}$$

$$= \left\{\frac{5}{8} - \left(\frac{7}{10} - \frac{3}{10}\right)\right\}$$

$$= \left\{\frac{5}{8} - \left(\frac{4}{10}\right)\right\}$$

$$= \left\{\frac{25}{40} - \frac{16}{40}\right\}$$

$$= \frac{9}{40}$$

따라서 주어진 식을 계산하면,

$$\frac{9}{4} \times \left\{\frac{5}{8} - \left(\frac{7}{12} \div \frac{5}{6} - \frac{3}{10}\right)\right\} \div \frac{81}{16} = \frac{9}{4} \times \left(\frac{9}{40}\right) \div \frac{81}{16}$$

$$= \frac{\overset{1}{9}}{\underset{1}{4}} \times \frac{\overset{1}{9}}{\underset{10}{40}} \times \frac{\overset{4}{16}}{\underset{9}{81}}$$

$$= \frac{1}{10}$$

33 철근 $1\frac{2}{5}$ m의 무게가 $2\frac{11}{12}$ kg이므로, 철근 1m의 무게를 구하려면 철근의 무게를 길이로 나누면 됩니다.

$$2\frac{11}{12} \div 1\frac{2}{5} = \frac{35}{12} \div \frac{7}{5}$$

$$= \frac{\overset{5}{35}}{12} \times \frac{5}{\underset{1}{7}}$$

$$= \frac{25}{12} \text{ (kg)}$$

따라서 철근 1m의 무게는 $\frac{25}{12}$ kg입니다.

개념 넓히기   p.38~39

1-1   2, 7

1-2   (1) ㉠=4, ㉡=28   (2) ㉠=3, ㉡=15

1-3   ㉮=2, ㉯=8, ㉰=16

2-1   (1) 13   (2) $\frac{33}{5}$ (3) 19   (4) 4

풀이과정

1-1 $\frac{9}{14} = \frac{2+7}{14} = \frac{7}{14} + \frac{2}{14} = \frac{1}{2} + \frac{1}{7}$

□에 알맞은 수를 차례대로 쓰면 2, 7입니다.

1-2

혼자서도 풀 수 있다, 단계별 힌트!	
1단계	크기가 같은 분수로 변형합니다.
2단계	분자를 분모의 약수들의 합으로 나타낼 수 있는지 적당한 수들의 합으로 쪼개 봅니다.

(1) $\frac{2}{7} = \frac{4}{14} = \frac{6}{21} = \frac{8}{28} = \frac{7}{28} + \frac{1}{28}$

$$= \frac{1}{4} + \frac{1}{28}$$

㉠=4,   ㉡=28

(2) $\frac{9}{10} = \frac{1}{2} + \frac{1}{㉠} + \frac{1}{㉡}$에서 $\frac{1}{2} = \frac{5}{10}$이므로,

$\dfrac{1}{\bigcirc}+\dfrac{1}{\bigcirc}=\dfrac{4}{10}$ 입니다. $\dfrac{\overset{2}{\cancel{4}}}{\underset{5}{\cancel{10}}}=\dfrac{2}{5}$ 이므로 $\dfrac{2}{5}$ 를 단위분수의 합으로 나타내면 됩니다.

$$\dfrac{2}{5}=\dfrac{4}{10}=\dfrac{6}{15}=\dfrac{\overset{1}{\cancel{5}}}{\underset{3}{\cancel{15}}}+\dfrac{1}{15}$$
$$=\dfrac{1}{3}+\dfrac{1}{15}$$

$\bigcirc=3$, $\bigcirc=15$

1-3 $\dfrac{11}{16}=\dfrac{8+2+1}{16}=\dfrac{8}{16}+\dfrac{2}{16}+\dfrac{1}{16}$
$$=\dfrac{1}{2}+\dfrac{1}{8}+\dfrac{1}{16}$$

㉮$=2$, ㉯$=8$, ㉰$=16$

2-1 (1)

주어진 식의 계산 순서는 다음과 같습니다.

$(17-\square)\times5=20$

(②의 결과)의 값이 20이므로
(①의 결과)×5=20에서 (①의 결과)=4
(①의 결과)=4에서 (17−□)=4이므로
□=17−4=13

(2)

주어진 식의 계산 순서는 다음과 같습니다.

$\dfrac{7}{12}\times\left(\square+\dfrac{3}{5}\right)=\dfrac{21}{5}$

(②의 결과)$=\dfrac{21}{5}$이므로

$\dfrac{7}{12}\times$(①의 결과)$=\dfrac{21}{5}$에서

(①의 결과)$=\dfrac{21}{5}\div\dfrac{7}{12}=\dfrac{\overset{3}{\cancel{21}}}{5}\times\dfrac{12}{\underset{1}{\cancel{7}}}=\dfrac{36}{5}$

따라서 $\left(\square+\dfrac{3}{5}\right)=\dfrac{36}{5}$에서

$\square=\dfrac{36}{5}-\dfrac{3}{5}=\dfrac{33}{5}$

(3)

주어진 식의 계산 순서는 다음과 같습니다.

$96\div(\square-13)\times4=64$
①
②
③

(③의 결과)의 값이 64이므로
(②의 결과)×4=64에서 (②의 결과)=16이고,
96÷(①의 결과)=16에서 (①의 결과)=6입니다. 그러므로 (□−13)=6에서 □=6+13=19임을 알 수 있습니다.

(4)

주어진 식의 계산 순서는 다음과 같습니다.

$\dfrac{3}{2}+(7+\square)\times\dfrac{1}{3}=\dfrac{31}{6}$
①
②
③

(③의 결과)=$\frac{31}{6}$이므로

$\frac{3}{2}$+(②의 결과)=$\frac{31}{6}$에서

(②의 결과)=$\frac{31}{6}-\frac{3}{2}=\frac{31}{6}-\frac{9}{6}=\frac{22}{\cancel{6}}=\frac{11}{3}$입니다.

마찬가지로

(①의 결과)×$\frac{1}{3}=\frac{11}{3}$에서

(①의 결과)=$\frac{11}{3}÷\frac{1}{3}=\frac{11}{\cancel{3}}×\frac{\cancel{3}}{1}$=11입니다.

그러므로 7+□=11에서 □=11-7=4임을 알 수 있습니다.

03 약수와 배수

개념 확인　　　　　　　　p.41~43

1	6개	**2**	7가지
3	98	**4**	20일
5	③, ⑤		
6	㉠:2, ㉡:21, ㉢:2, ㉣:3, ㉤:14		
7	㉠:2, ㉡:45, ㉢:3, ㉣:5, ㉤:180		
8	8명	**9**	3시간 20분 후
10	15개		

풀이 과정

1 50을 나누어떨어지게 하는 수는 50의 약수입니다.
50=1×50=2×25=5×10
따라서 50의 약수는 1, 2, 5, 10, 25, 50으로 6개입니다.

2 24개의 사과를 여러 개의 접시에 똑같이 나누어 담으려면 24를 나누어떨어지게 하는 수만큼의 접시가 필요합니다. 24를 나누어떨어지게 하는 수는 24의 약수입니다.
24=1×24=2×12=3×8=4×6에서 24의 약수는 1, 2, 3, 4, 6, 8, 12, 24이므로 이때 필요한 접시의 수는 24, 12, 8, 6, 4, 3, 2, 1입니다. 따라서 나누어 담는 방법의 수는 7가지입니다. (2개 이상의 접시를 사용해야 하므로 1은 제외)

3 7의 배수를 나열해 보면 다음과 같습니다.

7×1=7
7×2=14
7×3=21
⋮
7×14=98
7×15=105
따라서 7의 배수 중 100에 가장 가까운 수는 98입니다.

다른 풀이

100을 7로 나누면 몫은 14이고 나머지는 2입니다. 따라서 100에 가장 가까운 7의 배수는 7×14 또는 7×15 중 하나입니다. 두 값을 계산하면 7×14=98, 7×15=105이므로 100에 가장 가까운 7의 배수는 98입니다.

4 3일에 한 번씩 게임을 하기로 했으므로, 3의 배수만큼 더한 날짜에 게임을 합니다.
8월 2일에 게임을 했으므로 게임을 하는 날은 다음과 같습니다.
1번째 게임을 하는 날:8월 2일
2번째 게임을 하는 날:8월 (2+3)일 ⇒ 5일
3번째 게임을 하는 날:8월 (2+6)일 ⇒ 8일
⋮
7번째로 게임을 하는 날:8월 (2+18)일 ⇒ 20일
따라서 7번째로 게임을 하는 날은 8월 20일입니다.

5 ① 3은 21의 약수입니다. (○)
② 7은 21의 약수입니다. (○)
③ 21은 5의 약수입니다. (×)
전혀 관련 없는 설명입니다.
④ 21은 7의 배수입니다. (○)
⑤ 21의 약수는 3과 7뿐입니다. (×)
21의 약수는 1, 3, 7, 21입니다.

6
```
2 ) 28  42
7 ) 14  21
    2   3
```
⇒ 28과 42의 최대공약수
2×7=14

㉠:2, ㉡:21, ㉢:2, ㉣:3, ㉤:14

7
```
2 ) 36  90
3 ) 18  45
3 )  6  15
     2   5
```
⇒ 36과 90의 최소공배수
2×3×3×2×5=180

㉠:2, ㉡:45, ㉢:3, ㉣:5, ㉤:180

8 24와 40을 동시에 나눌 수 있는 수이므로 24와 40의 최대공약수를 구하면 됩니다.

$$
\begin{array}{r|ll}
2 & 24 & 40 \\
2 & 12 & 20 \\
2 & 6 & 10 \\
\hline
 & 3 & 5
\end{array}
\quad
\begin{array}{l}
\Rightarrow 24와 40의 최대공약수 \\
2\times2\times2=8
\end{array}
$$

최대 8명에게 똑같이 나누어 줄 수 있습니다.

다른 풀이

두 수를 동시에 나눌 수 있는 수는 8이므로 8로 한 번에 나누어 최대공약수를 구할 수도 있습니다.

$$
\begin{array}{r|ll}
8 & 24 & 40 \\
\hline
 & 3 & 5
\end{array}
\quad \Rightarrow 24와 40의 최대공약수 : 8
$$

9 영수의 시계는 25분 간격으로 울리므로 알람이 울리는 시간은 25의 배수(분)입니다. 철이의 시계는 40분 간격으로 울리므로 알람이 울리는 시간은 40의 배수(분)입니다. 따라서 알람이 동시에 울리는 때는 25와 40의 공배수(분)입니다.

$$
\begin{array}{r|ll}
5 & 25 & 40 \\
\hline
 & 5 & 8
\end{array}
\quad
\begin{array}{l}
\Rightarrow 25와 40의 최소공배수 \\
5\times5\times8=200
\end{array}
$$

200분은 3시간 20분이므로 3시간 20분 후에 두 시계의 알람이 동시에 울립니다.

다른 풀이

25분, 40분마다 알람이 울리므로 다음 알람이 울리는 시각을 나열하면 다음과 같습니다.

25, 50, 75, 100, 125, 150, 175, 200, …

40, 80, 120, 160, 200, …

따라서 두 시계의 알람이 동시에 울리는 때는 200분 후입니다. 따라서 3시간 20분 후입니다.

10 가로가 12cm, 세로가 20cm인 직사각형 모양의 종이를 겹치지 않게 늘어놓으면 아래와 같은 모양이 됩니다.

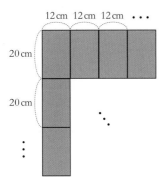

이렇게 붙여 가면 가로의 길이는 12의 배수, 세로의 길이는 20의 배수인 사각형이 만들어집니다. 이 사각형이 정사각형이 되려면 가로와 세로의 길이가 같아져야 하므로 12의 배수와 20의 배수가 같아지는 경우, 즉 한 변의 길이가 12와 20의 공배수인 경우를 구하면 됩니다. 또한, 가장 작은 정사각형의 한 변의 길이는 12와 20의 최소공배수가 됩니다.

$$
\begin{array}{r|ll}
4 & 12 & 20 \\
\hline
 & 3 & 5
\end{array}
\quad
\begin{array}{l}
\Rightarrow 12와 20의 최소공배수 \\
4\times3\times5=60(\text{cm})
\end{array}
$$

가장 작은 정사각형의 한 변의 길이 : 60cm

한 변의 길이가 60cm인 정사각형에는 가로 12cm가 5번 포함되고, 세로 20cm가 3번 포함됩니다. 그러므로 필요한 종이의 개수는 5×3=15(개)입니다.

개념 넓히기   p.45~47

1-1 (1) 1개 (2) 10개 (3) 3개 (4) 25개

1-2 14, 15, 16, 17   **1-3** 3

1-4 15, 24   **1-5** 820

2-1 0   **2-2** 5

2-3 24   **2-4** 58묶음

풀이 과정

1-1 (1) 약수의 개수가 1개인 수는 1뿐입니다.

따라서 약수의 개수가 1개인 수는 1개입니다.

(2) 약수의 개수가 2개인 수는 소수입니다.

1부터 30까지의 자연수 중에서 소수는

2, 3, 5, 7, 11, 13, 17, 19, 23, 29

따라서 약수의 개수가 2개인 수는 10개입니다.

(3) 1부터 30까지의 자연수 중에서 약수의 개수가 홀수 개인 수는 자연수의 제곱수인 1, 4, 9, 16, 25입니다.

1의 약수 : 1

4의 약수 : 1, 2, 4

9의 약수 : 1, 3, 9

16의 약수 : 1, 2, 4, 8, 16

25의 약수 : 1, 5, 25

따라서 약수의 개수가 3개인 수는 4, 9, 25로 3개입니다. (소수의 제곱수는 약수가 3개입니다.)

⑷ 약수의 개수가 홀수 개인 수는 5개이므로, 약수의 개수가 짝수 개인 수는 30-5=25(개)입니다.

1-2 소수를 작은 수부터 차례대로 나열하면
2, 3, 5, 7, 11, 13, 17, …
입니다. 어떤 자연수보다 작은 소수가 6개이므로, 어떤 자연수가 될 수 있는 수는 14, 15, 16, 17입니다.

1-3 두 자연수의 최대공약수가 3이므로 두 자연수는 모두 3의 배수입니다. 따라서 두 자연수를 $3 \times \triangle$, $3 \times \stackrel{}{\star}$라 놓을 수 있습니다.(단, $\triangle$와 $\stackrel{}{\star}$의 공약수는 1뿐입니다.) 한편, 두 자연수의 최대공약수와 최소공배수의 곱은 두 자연수의 곱과 같으므로
$3 \times 36 = (3 \times \triangle) \times (3 \times \stackrel{}{\star})$
$\Rightarrow 3 \times 36 = 9 \times \triangle \times \stackrel{}{\star}$
$\Rightarrow \triangle \times \stackrel{}{\star} = \dfrac{3 \times \overset{4}{\cancel{36}}}{\underset{1}{\cancel{9}}} = 12$
따라서 $\triangle$와 $\stackrel{}{\star}$로 가능한 수를 $(\triangle, \stackrel{}{\star})$로 나타내 보면
$(\triangle, \stackrel{}{\star}) = (1, 12), (2, 6), (3, 4), (4, 3), (6, 2), (12, 1)$
입니다. 이때 $\triangle$와 $\stackrel{}{\star}$의 공약수는 1뿐이어야 하므로 옳은 수는 (2, 6), (6, 2)는 제외됩니다. 두 자연수는 $3 \times \triangle$, $3 \times \stackrel{}{\star}$이므로, $(3 \times \triangle, 3 \times \stackrel{}{\star})$의 꼴로 나타내 보면 (3, 36), (9, 12), (12, 9), (36, 3)입니다. 이중에서 합이 21인 두 자연수는 9와 12입니다. 따라서 두 자연수의 차는 12-9=3입니다.

1-4 두 자연수의 최대공약수와 최소공배수의 곱은 두 자연수의 곱과 같습니다. 두 자연수의 최대공약수를 □라 하면, 최소공배수가 120이고, 두 자연수의 곱이 360이므로 □×120=360 ⇒ □=360÷120=3 입니다. 따라서 두 자연수의 최대공약수는 3입니다. 두 자연수를 $3 \times \triangle$, $3 \times \stackrel{}{\star}$(단, $\triangle$와 $\stackrel{}{\star}$의 공약수는 1뿐이고, $\triangle \leq \stackrel{}{\star}$)이라 하면 두 자연수의 곱이 360이므로
$(3 \times \triangle) \times (3 \times \stackrel{}{\star}) = 360$
$\Rightarrow 9 \times \triangle \times \stackrel{}{\star} = 360$
$\Rightarrow \triangle \times \stackrel{}{\star} = 40$
입니다. 따라서 $\triangle$와 $\stackrel{}{\star}$로 가능한 수를 $(\triangle, \stackrel{}{\star})$로 나타내 보면 (1, 40), (2, 20), (4, 10), (5, 8)이 됩니다. 이 중 공약수가 1뿐인 두 수는 (1, 40)과 (5, 8)이고, $(3 \times \triangle, 3 \times \stackrel{}{\star})$꼴로 나타내면 (3, 120), (15, 24)입니다. 두 자연수는 두 자리 수라고 하였으므로 15와 24임을 알 수 있습니다.

1-5 유클리드 호제법을 이용하여 계산해 봅니다.

$$\begin{array}{r} 2 \\ 1558 \overline{)3854} \\ 3116 \\ \hline 738 \end{array}$$
⇒ 3854를 1558로 나누면 몫이 2, 나머지는 738

$$\begin{array}{r} 2 \\ 738 \overline{)1558} \\ 1476 \\ \hline 82 \end{array}$$
⇒ 1558을 738로 나누면 몫이 2, 나머지는 82

$$\begin{array}{r} 9 \\ 82 \overline{)738} \\ 738 \\ \hline 0 \end{array}$$
⇒ 738을 82로 나누면 몫이 9, 나머지는 0

㉠:738, ㉡:82
㉠+㉡=738+82=820

2-1 95□4가 9의 배수가 되려면 각 자리의 숫자의 합이 9의 배수이어야 하므로
9+5+□+4=18+□ ← 9의 배수
따라서 □=0, 9입니다.
또, 95□4가 4의 배수가 되려면 끝의 두 자리의 수가 00 또는 4의 배수이어야 하므로
□=0, 2, 4, 6, 8입니다.
두 조건을 동시에 만족하려면 □=0이어야 합니다.

2-2 52□(이)가 3의 배수이므로
5+2+□=7+□은 3의 배수입니다.
따라서 □=2, 5, 8입니다.
7□2가 4의 배수이므로 끝의 두 자리 수인 □2가 4의 배수입니다. 따라서 □=1, 3, 5, 7, 9입니다.
두 조건을 동시에 만족하려면 □=5이어야 합니다.

2-3

4의 배수는 끝 두 자리 수가 4의 배수입니다.
따라서 ❶, ❷, ❸, ❹, ❺로 만들 수 있는 세 자리 4의 배수는 끝 두 자리 수가 12, 24, 32, 52이어야 합니다. 따라서 세 자리 4의 배수는
312, 412, 512 ← □12 인 수는 3개
124, 324, 524 ← □24 인 수는 3개
132, 432, 532 ← □32 인 수는 3개
152, 352, 452 ← □52 인 수는 3개
이므로 모두 12개입니다. 따라서 ㉠은 12입니다.

5의 배수는 일의 자리 숫자가 0 또는 5입니다.

5의 배수는

125, 135, 145 ← 1□5 인 수는 3개

215, 235, 245 ← 2□5 인 수는 3개

315, 325, 345 ← 3□5 인 수는 3개

415, 425, 435 ← 4□5 인 수는 3개

이므로 모두 12개입니다. 따라서 ㉡은 12입니다.

그러므로 ㉠+㉡=12+12=24입니다.

2-4

혼자서도 풀 수 있다, 단계별 힌트!	
1단계	세 수의 곱이 15의 배수이려면 세 수 중 5의 배수가 반드시 있어야 합니다.
2단계	5를 포함하는 묶음을 나열하여 가짓수를 셉니다.

세 수의 곱이 15의 배수이려면 세 수에 3의 배수와 5의 배수가 모두 있어야 합니다. 1에서 100까지의 자연수 중 5의 배수는 5, 10, 15, 20, …, 95, 100의 20개입니다. 또한 연속한 3개의 수에는 3의 배수가 반드시 포함되어 있으므로, 세 수의 곱은 3의 배수입니다. 따라서 5를 포함하는 세 수의 곱은 3의 배수이면서 5의 배수이므로 15의 배수입니다.

5를 포함하는 연속하는 세 수

⇒ (3, 4, 5), (4, 5, 6), (5, 6, 7)

10을 포함하는 연속하는 세 수

⇒ (8, 9, 10), (9, 10, 11), (10, 11, 12)

15를 포함하는 연속하는 세 수

⇒ (13, 14, 15), (14, 15, 16), (15, 16, 17)

⋮

95를 포함하는 연속하는 세 수

⇒ (93, 94, 95), (94, 95, 96), (95, 96, 97)

100을 포함하는 연속하는 세 수

⇒ (98, 99, 100)

따라서 세 수의 곱이 15의 배수인 것은

19×3+1=57+1=58(묶음)입니다.

1	144	**2**	⑤
3	$\dfrac{143}{24}$	**4**	5개
5	<	**6**	$\dfrac{108}{49}$
7	$\dfrac{179}{12}$ cm	**8**	27
9	20	**10**	11
11	㉮=48, ㉯=4	**12**	$\dfrac{1}{6}$

풀이 과정

1

혼자서도 풀 수 있다, 단계별 힌트!	
1단계	최대공약수와 최소공배수를 구하는 방법에 대해서 생각해 봅니다.

$$\begin{array}{r|rr} 2 & 30 & 42 \\ 3 & 15 & 21 \\ \hline & 5 & 7 \end{array}$$

에서 30과 42의 최대공약수는 2×3=6입니다.

$$\begin{array}{r|rr} 2 & 36 & 48 \\ 2 & 18 & 24 \\ 3 & 9 & 12 \\ \hline & 3 & 4 \end{array}$$

에서 36과 48의 최소공배수는 2×2×3×3×4=144입니다. 한편, 6은 144의 약수이므로 6과 144의 최소공배수는 144입니다.

(30♠42)♥(36♥48)=6♥144=144

2

혼자서도 풀 수 있다, 단계별 힌트!	
1단계	사칙 연산의 혼합 계산에서는 곱셈과 나눗셈을 먼저 계산하고 덧셈과 뺄셈은 나중에 계산합니다. 이때 괄호가 있으면 괄호를 가장 먼저 계산합니다. 소괄호 ( )를 가장 먼저 계산하고 중괄호 { }, 대괄호 [ ] 순으로 계산합니다.

가장 먼저 21, 13을 곱했으므로 제일 먼저 계산을 하는 소괄호가 있었을 것입니다. 또한 나눗셈보다 덧셈을 먼저 했으므로 273+15에 중괄호가 있었을 것입니다. 그리고 마지막으로 나눗셈이 있으므로 계산 과정에 알맞은 계산식은 {(21×13)+15}÷32=9

입니다.

3

1단계	어떤 수를 □라 하여 식을 세웁니다. 대분수를 통분하여 계산할 때는 가분수로 나타내어 계산합니다.

어떤 수를 □라 하여 식을 세우면

$6\frac{5}{12}+\square=12\frac{5}{8}-\frac{1}{4}=\frac{101}{8}-\frac{2}{8}=\frac{99}{8}$ 입니다. 따라서

$\square=\frac{99}{8}-6\frac{5}{12}=\frac{99}{8}-\frac{77}{12}=\frac{297}{24}-\frac{154}{24}=\frac{143}{24}$

입니다. 그러므로 어떤 수는 $\frac{143}{24}$ 입니다.

4

1단계	어떤 자연수를 9로 나눈 나머지가 3이면 그 수에서 3을 빼면 9의 배수가 됩니다.

어떤 자연수를 □라 하면 □는 9로 나눈 나머지가 3이고 12로 나눈 나머지가 3이므로 □-3은 9의 배수이면서 동시에 12의 배수가 됩니다.

따라서 □-3은 9와 12의 최소공배수인 36의 배수가 됩니다. □-3은 197보다 작은 자연수이므로 197보다 작은 36의 배수를 구하면 36, 72, 108, 144, 180입니다. 따라서 어떤 자연수는 39, 75, 111, 147, 183의 5개입니다.

5

1단계	사칙 연산의 혼합 계산에서는 곱셈과 나눗셈을 먼저 계산하고 덧셈과 뺄셈은 나중에 계산합니다.

$126\div9+5\times10=14+50=64$

$126\div(9+5)\times10=126\div14\times10=9\times10=90$

따라서 □ 안에 들어갈 기호는 <입니다.

6

1단계	어떤 수를 □라 하여 식을 세웁니다. 대분수를 곱하거나 나눌 때는 가분수로 나타내어 계산합니다.

$1\frac{5}{7}$ 을 가분수로 나타내면 $\frac{12}{7}$ 입니다.

따라서 어떤 수를 □라 하여 잘못된 계산식을 세우면 $\square\div\frac{12}{7}=\frac{3}{4}$ 이므로 $\square=\frac{3}{4}\times\frac{12}{7}=\frac{9}{7}$ 입니다. 그러므로 바르게 계산한 값은 $\frac{9}{7}\times\frac{12}{7}=\frac{108}{49}$ 입니다.

7

1단계	길이가 2cm인 테이프 두 장을 1cm가 겹치도록 이으면, 이어진 테이프의 길이는 얼마인지 생각해 봅니다.

(이은 테이프 전체의 길이)

=(테이프 3장의 길이)-(겹치는 2곳의 길이)

$=\left(5\frac{3}{4}+5\frac{3}{4}+5\frac{3}{4}\right)-\left(1\frac{1}{6}+1\frac{1}{6}\right)$

$=\left(\frac{23}{4}+\frac{23}{4}+\frac{23}{4}\right)-\left(\frac{7}{6}+\frac{7}{6}\right)$

$=\frac{69}{4}-\frac{14}{6}$

$=\frac{207}{12}-\frac{28}{12}$

$=\frac{179}{12}$ (cm)

8

1단계	어떤 수를 □라고 하여 잘못 계산한 결과를 가지고 식을 세워 어떤 수 □를 구합니다.

어떤 수를 □라고 하면,

$(\square-4)\times6-8=160$, $(\square-4)\times6=168$,

$\square-4=28$, $\square=28+4=32$

따라서, 바르게 계산하면

$(32+4)\times6\div8=36\times6\div8=216\div8=27$입니다.

9

1단계	어떤 수는 4의 배수입니다.
2단계	어떤 수를 4×□라 하여 식을 세워 봅니다.

어떤 수를 4×□라 하여 최소공배수를 구하는 식을 세우면 다음과 같습니다.

$$4\,)\!\!\underline{\quad24\quad\ 4\times\square\quad}$$
$$\qquad6\qquad\quad\square$$

따라서 24와 4×□의 최소공배수는 4×6×□=120입니다. 이때 □의 값은 5이므로 어떤 수는 20입니다.

다른 풀이

어떤 두 수의 곱은 두 수의 최대공약수와 최소공배수의 곱과 같습니다. 따라서 어떤 수를 □라 놓으면 다음과 같습니다.

$24\times\square=4\times120 \Rightarrow \square=(4\times120)\div24$

$=\overset{1}{4}\times\overset{20}{120}\times\frac{1}{\underset{6}{24}}$

$=20$

10

| 1단계 | 계산 결과를 가장 크게 만들기 위해서는 36을 나누는 수는 작게, 더해지는 수는 크게 만들어야 합니다. |

계산 결과를 가장 크게 만들려면 36을 나누는 수가 가장 작아야 합니다. 따라서 수 카드를 (2, 3, 5) 또는 (3, 2, 5)로 놓아야 합니다. 계산 결과를 구하면

$36 \div (2 \times 3) + 5 = 36 \div 6 + 5 = 6 + 5 = 11$

$36 \div (3 \times 2) + 5 = 36 \div 6 + 5 = 6 + 5 = 11$

이므로 계산 결과가 가장 큰 값은 11입니다.

11

| 1단계 | ㉯에 들어갈 자연수를 먼저 구합니다. |

두 수의 최소공배수가 144이므로

$12 \times 3 \times ㉯ = 144$

$\Rightarrow ㉯ = 144 \div (12 \times 3) = \overset{12}{144} \times \dfrac{1}{\underset{1}{12 \times 3}} = 4$

입니다. 따라서 ㉮에 들어갈 수를 12로 나눈 값이 4이므로 ㉮=12×4=48입니다.

12

| 1단계 | 둘째 날까지 전체의 얼마를 읽었는지를 생각해 봅니다. |

민희가 첫째 날은 전체의 $\dfrac{1}{3}$을 읽고, 둘째 날은 전체의 $\dfrac{2}{5}$를 읽었으므로, 둘째 날까지 읽은 책은 전체의 $\dfrac{1}{3} + \dfrac{2}{5} = \dfrac{5}{15} + \dfrac{6}{15} = \dfrac{11}{15}$입니다. 셋째 날까지 전체의 $\dfrac{9}{10}$을 읽었으므로 셋째 날 읽은 책의 양을 구하면 $\dfrac{9}{10} - \dfrac{11}{15} = \dfrac{27}{30} - \dfrac{22}{30} = \dfrac{\overset{1}{5}}{\underset{6}{30}} = \dfrac{1}{6}$입니다. 따라서 셋째 날 읽은 책의 양은 전체의 $\dfrac{1}{6}$입니다.

---

1 8	**2** 40, 100
3 $\dfrac{1}{42}$	**4** 550원
5 50권	**6** 2000원
7 3일	**8** $\dfrac{183}{10}$
9 2450원	**10** 240
11 21kg	**12** 23개

풀이 과정

1

| 1단계 | 사칙 연산의 혼합 계산에서는 곱셈과 나눗셈을 먼저 계산하고 덧셈과 뺄셈은 나중에 계산합니다. |

$(12 \times 4) - (\square \times 3) = 24$

$48 - \square \times 3 = 24$

$\square \times 3 = 24$

$\square = 8$

2

| 1단계 | 4와 5로 나누어 나머지가 없으므로 4의 배수이자 5의 배수라는 의미입니다. |
| 2단계 | 4와 5의 배수이므로 20의 배수입니다. |

4와 5로 나누었을 때 나머지가 없는 수는 4와 5의 공배수이므로 20의 배수입니다. 1부터 100까지의 자연수 중 20의 배수는 20, 40, 60, 80, 100입니다. 그중에서 6으로 나누었을 때 4가 남는 자연수는 40과 100입니다.

3

| 1단계 | 전체의 일의 양을 1이라 하여 식을 세웁니다. |
| 2단계 | (한 사람이 하루에 한 일의 양) =(일주일간 한 일의 양)÷(날수)÷(사람 수)입니다. |

전체의 일을 1이라 하면 한 사람이 하루에 한 일의 양은

$\dfrac{1}{2} \div 7 \div 3 = \dfrac{1}{2} \times \dfrac{1}{7} \times \dfrac{1}{3} = \dfrac{1}{42}$입니다.

따라서 한 사람이 하루에 한 일의 양은 전체의 $\dfrac{1}{42}$입니다.

4

혼자서도 풀 수 있다, 단계별 힌트!

| 1단계 | 연필 한 자루의 값을 □라고 하여 식을 세웁니다. |

연필 한 자루의 값을 □라고 하여 식을 세우면 다음과 같습니다.

$5000-(860\times3+\square\times4)=220$

$5000-(2580+\square\times4)=220$

$2580+\square\times4=5000-220=4780$

$\square\times4=2200$, $\square=550$(원)

5

혼자서도 풀 수 있다, 단계별 힌트!

1단계	수경이와 현진이가 각각 읽은 책은 몇 권인지 생각해 봅니다.
2단계	수경이와 현진이가 모두 읽은 책은 몇 권인지 생각해 봅니다.
3단계	수경이 또는 현진이가 읽은 책은 몇 권인지 생각해 봅니다.

수경이가 읽은 책의 수는 $100\div3=33\cdots1$이므로 33권입니다. 현진이가 읽은 책의 수는 $100\div4=25$이므로 25권입니다. 수경이와 현진이가 모두 읽은 책의 번호는 3과 4의 최소공배수인 12의 배수인 책이고 $100\div12=8\cdots4$이므로 8권입니다. 수경이 또는 현진이가 읽은 책은 $33+25-8=50$(권)입니다. 따라서 아무도 읽지 않은 책의 수는 $100-50=50$(권)입니다.

6

혼자서도 풀 수 있다, 단계별 힌트!

| 1단계 | 첫째 날 저금한 돈을 □원이라 하여 각 날짜마다 저금한 돈을 구하여, 6일간 저금한 돈을 □를 이용하여 나타내 봅니다. |

첫째 날 저금한 돈을 □원이라 하면

첫째 날 저금한 돈 : □

둘째 날 저금한 돈 : □−300

셋째 날 저금한 돈 : □−600

넷째 날 저금한 돈 : □−900

다섯째 날 저금한 돈 : □−1200

여섯째 날 저금한 돈 : □−1500

따라서 6일간 저금한 돈은

$6\times\square-4500=7500$

$6\times\square=12000$

□=2000(원)입니다. 따라서 첫째 날 저금한 돈은 2000원입니다.

7

혼자서도 풀 수 있다, 단계별 힌트!

| 1단계 | 1개의 병에 담긴 참기름을 사용한 날수를 □라 하여 식을 세웁니다. |

$\frac{4}{9}$ L의 참기름을 4개의 병에 똑같이 나누어 담았으므로 한 개의 병에 담긴 참기름은 $\frac{1}{9}$ L입니다. 1개의 병에 담긴 참기름을 사용한 날수를 □라 하면 하루에 사용한 양이 $\frac{1}{27}$ L이므로 $\frac{1}{27}\times\square=\frac{1}{9}$입니다. 따라서 한 개의 병에 담긴 참기름을 3일 동안 사용하였습니다.

다른 풀이

$\frac{1}{9}$ L를 하루에 $\frac{1}{27}$ 씩 사용했다면, 사용한 날수는 $\frac{1}{9}\div\frac{1}{27}=\frac{1}{9}\times27=3$(일)입니다.

8

혼자서도 풀 수 있다, 단계별 힌트!

| 1단계 | 두 대분수의 합이 가장 크려면 각 대분수의 자연수 부분을 크게 하는 것이 먼저입니다. |

두 대분수의 합을 가장 크게 하려면 각 대분수의 자연수 부분을 크게 하는 것이 먼저이므로 각 대분수의 자연수 부분을 8과 9로 정합니다.

남은 카드로 두 개의 진분수를 만드는 경우는 $\frac{1}{5}$, $\frac{2}{4}$ 또는 $\frac{1}{4}$, $\frac{2}{5}$ 또는 $\frac{1}{2}$, $\frac{4}{5}$ 세 가지의 경우가 있습니다. 이때 두 분수의 합이 가장 큰 경우는 $\frac{1}{2}$, $\frac{4}{5}$일 때이므로 두 대분수의 합이 가장 클 때는 $9\frac{1}{2}+8\frac{4}{5}$ 또는 $9\frac{4}{5}+8\frac{1}{2}$입니다. 그 합을 구하면 다음과 같습니다.

$$9\frac{1}{2}+8\frac{4}{5}=\frac{19}{2}+\frac{44}{5}$$
$$=\frac{95}{10}+\frac{88}{10}$$
$$=\frac{183}{10}$$

9

혼자서도 풀 수 있다, 단계별 힌트!

| 1단계 | 태리가 저금한 돈을 계산 순서에 맞게 구합니다. |

태리가 저금한 돈은

(2400+1000)×3+350

=3400×3+350=10200+350=10550

입니다. 경수는 13000원을 저금하였으므로 두 사람이 저금한 돈의 차는 13000−10550=2450(원)입니다. 따라서 경수는 태리보다 2450원 더 많이 저금하였습니다.

10

혼자서도 풀 수 있다, 단계별 힌트!	
1단계	(두 수의 곱)=(최대공약수)×(최소공배수)

두 수의 최대공약수가 4이므로 두 수의 곱인 960을 4로 나누면 최소공배수를 구할 수 있습니다.
960÷4=240
따라서 두 수의 최소공배수는 240입니다.

11

혼자서도 풀 수 있다, 단계별 힌트!	
1단계	남은 고구마의 양이 얼마인지에 대하여 식을 세웁니다.

고구마의 전체의 $\frac{1}{8}$ 을 할머니 댁에 보내면 전체의 $\frac{7}{8}$ 이 남게 됩니다. 또한 나머지의 $\frac{4}{7}$ 를 팔아 버리면 나머지의 $\frac{3}{7}$ 이 남게 됩니다. 팔고 남은 고구마의 $\frac{2}{9}$ 를 이웃에게 주면, 팔고 남은 고구마의 $\frac{7}{9}$ 가 남습니다. 따라서 남은 고구마는 다음과 같습니다.

$72 \times \frac{7}{8} \times \frac{3}{7} \times \frac{7}{9} = \cancel{72} \times \frac{7}{\cancel{8}} \times \frac{3}{\cancel{7}} \times \frac{7}{\cancel{9}} = 21 \text{(kg)}$

12

혼자서도 풀 수 있다, 단계별 힌트!	
1단계	말뚝 사이의 간격은 각 변의 공약수이어야만 같은 간격으로 말뚝을 박을 수 있습니다.
2단계	말뚝 사이의 간격의 최대값을 구합니다.
3단계	사각형 모양의 토지를 원형이라고 생각하고 필요한 말뚝의 개수를 세어 봅니다.

말뚝과 말뚝 사이의 거리는 사각형의 각 변의 공약수이므로 필요한 말뚝의 개수를 가장 적게 하기 위해서는 각 변의 길이의 최대공약수로 간격을 정하면 됩니다. 따라서 말뚝 사이의 간격은 96, 80, 64, 128의 최대공약수인 16입니다. 이때 토지의 둘레는 96+80+64+128=368이므로 필요한 말뚝의 개수는 368÷16=23(개)입니다.

II 규칙성

01 규칙 찾기

개념 확인		p.55
1 ■= C7, ●= E5	**2** 20개	
3 ㉮=22 ㉯=363	**4** 25일	

풀이 과정

1 좌석 번호는 알파벳 대문자와 숫자로 이루어져 있음을 알 수 있습니다. 위에서부터 알파벳 A, B, C, …, 왼쪽에서부터 숫자 3, 4, 5, …의 순서로 번호를 붙이고 있습니다. 같은 가로줄에서는 알파벳이 같고 숫자만 변합니다. 따라서 ■=C7, ●=E5가 됩니다.

2 오른쪽으로 갈수록 삼각형의 개수가 늘어나고 있습니다.
1번째는 삼각형 2개 → 1×2,
2번째는 삼각형 4개 → 2×2,
3번째는 삼각형 6개 → 3×2,
4번째는 삼각형 8개 → 4×2입니다.
몇 번째인지 알면, 삼각형의 개수를 {(몇)×2}개로 구할 수 있습니다. 문제에서는 10번째 도형을 묻고 있으므로 20개가 됩니다.

다른 풀이

1번째는 삼각형 2개,
2번째는 삼각형 4개,
3번째는 삼각형 6개,
4번째는 삼각형 8개이므로 오른쪽으로 갈 때 삼각형은 2개씩 늘어납니다. 처음부터 삼각형의 개수만 써 보면 2, 4, 6, 8, 10, 12, 14, 16, 18, 20이 되므로 20개임을 알 수 있습니다.

3 식에서 달라지는 숫자들을 관찰합니다.

11	×	11	=	121
11	×	(㉮)	=	242
11	×	33	=	(㉯)
11	×	44	=	484

11, ㉮, 33, 44 부분만 관찰하면 ㉮에 알맞은 수는 22임을 알 수 있습니다. 121, 242, ㉯, 484에서 백의 자리 수와 일의 자리 수는 1, 2, ?, 4이고 십의 자리 수는 2, 4, ?, 8이므로 ㉯에 알맞은 수는 363임을 알 수 있습니다.

4 달력에서 가로줄의 규칙과 세로줄의 규칙을 관찰합니다. 첫 번째 토요일은 4일, 두 번째 토요일은 10일인 금요일의 다음 날이므로 11일입니다. 첫 번째 수요일이 1일, 두 번째 수요일은 8일, 첫 번째 목요일은 2일, 두 번째 목요일은 9일이므로 아래로 한 칸 내려가면 숫자가 7씩 커지는 것을 알 수 있습니다. 토요일이 며칠인지 첫 번째 토요일부터 숫자만 나열해 보면 4, 11, 18, 25이므로 네 번째 토요일은 25일입니다.

O2 규칙과 대응

개념 확인 p.57

1 ③　　　　**2** ㉮=10

3 해설 참조

풀이 과정

1 이 문제에서 □는 꿀벌의 수, △는 꿀벌의 다리의 수와 같습니다. 꿀벌 한 마리의 다리는 6개이므로 꿀벌의 수에 6을 곱하면 꿀벌 다리의 수와 같습니다. 이 문장은 '□에 6을 곱하면 △와 같습니다.'이므로 식으로 바꾸면 □×6=△입니다.

2 표의 윗줄에 적혀 있는 수는 □, 아랫줄에 적혀 있는 수는 △입니다. □는 1씩 커지고 △는 1씩 작아지므로, 윗줄과 아랫줄의 합은 항상 20으로 같습니다. 10+㉮=20이므로 ㉮=10입니다.

3 사탕을 직각삼각형 모양으로 배열하고 빗변에 분홍색 사탕을 배치하고 있습니다. 전체 사탕의 개수를 '분홍색 사탕의 개수+(초록색 사탕의 개수)'로 나열해 보면, 2+(1), 3+(2+1), 4+(3+2+1), … 입니다.

배열 순서	1	2	3	4	5
분홍색 사탕	2	3	4	5	6
초록색 사탕	1	2+1	3+2+1	4+3+2+1	5+4+3+2+1

위 표처럼 숫자가 더해지는 규칙을 파악한 후 아래와 같이 계산하여 답을 내는 것이 좋습니다.

배열 순서	1	2	3	4	5
분홍색 사탕	2	3	4	5	6
초록색 사탕	1	3	6	10	15

개념 넓히기 p.59

1-1 (1) 26　(2) 2

1-2 (1, 6), (4, 4), (7, 2)

1-3 (1) 유경=80점, 희수=50점

　　　(2) ○=□×2, ◇=□+10

풀이 과정

1-1 (1) ○=10이므로 문제의 관계식에서 ○ 대신에 10을 써넣어 봅니다. △=10+3, △=13이고 □=2×13, □=26입니다.

(2) □=10이므로 문제의 식에 □ 대신 10을 써넣어 봅니다. 10=2×△이므로 △=5이고 5=○+3, ○=2입니다.

1-2 □의 값이 20이 되도록 하는 자연수 ○와 ◇를 찾아봅시다. 문제의 관계식에 대입하여 정리하면, 20=2×○+3×◇입니다.

차례대로 ○ 자리에 자연수 1부터 써 봅니다.

20=2×1+3×◇에서 ◇=6입니다.

20=2×2+3×◇에서 ◇에 어떤 자연수를 넣어도 등식이 성립하지 않습니다.

20=2×3+3×◇에서 ◇에 어떤 자연수를 넣어도 등식이 성립하지 않습니다.

20=2×4+3×◇에서 ◇=4

20=2×5+3×◇에서 ◇에 어떤 자연수를 넣어도 등식이 성립하지 않습니다.

20=2×6+3×◇에서 ◇에 어떤 자연수를 넣어도 등식이 성립하지 않습니다.

20=2×7+3×◇에서 ◇=2

20=2×8+3×◇에서 ◇에 어떤 자연수를 넣어도 등식이 성립하지 않습니다.

$20=2\times9+3\times\diamond$에서 $\diamond$에 어떤 자연수를 넣어도 등식이 성립하지 않습니다.

$20=2\times10+3\times\diamond$에서 $\diamond$에 어떤 자연수를 넣어도 등식이 성립하지 않습니다.

○가 10보다 커지면 자연수를 더해서 20이 될 수 없습니다. 그러므로 (1, 6), (4, 4), (7, 2)입니다.

다른 풀이 1

○ 대신 $\diamond$ 자리에 자연수를 차례로 써넣으면 풀이를 더 짧게 할 수 있습니다.

다른 풀이 2

덧셈과 뺄셈 사이의 관계를 이용하여 주어진 식을 아래와 같이 바꿔서 $20-2\times○=3\times\diamond$의 ○ 자리에 숫자를 대입하여 $\diamond$를 구하거나, $20-3\times\diamond=2\times○$의 $\diamond$ 자리에 숫자를 대입하여 ○을 구합니다.

1-3 (1) 성윤이의 점수가 40점일 때, 유경이의 점수는 성윤이 점수의 2배와 같으므로 유경이의 점수는 80점입니다. 희수는 성윤이보다 점수가 10점 높으므로 50점입니다.

(2) 기호를 이용해서 문제의 대응 관계를 표현해 봅니다. '유경이의 점수는 성윤이 점수의 2배와 같습니다.'를 식으로 나타내면 '○=□×2'이고, '희수의 점수는 성윤이 점수에 10점을 더한 것과 같습니다.'를 식으로 나타내면 '$\diamond$=□+10'입니다.

03 비와 비율

개념 확인	p.61~63

1 : **2** $\dfrac{2}{5}$

3 ④

4 (1) $25:20$ (2) $20:25$

5 ㉠, ㉢, ㉡, ㉣ **6** (1) 75% (2) 25%

7 > **8** 84%

9 (1) 18% (2) $42, 14$

풀이 과정

1 비의 뜻을 묻는 문제입니다. 두 수를 나눗셈으로 비교할 때 기호 ':'를 사용합니다.

2 '동전을 던진 횟수'에 대한 '그림면이 나온 횟수'의

비율에서 비교하는 양은 그림면이 나온 횟수이고, 기준량은 동전을 던진 횟수입니다. 동전을 20번 던져서 그림면이 8번 나왔으므로 비로 나타내면 $8:20$입니다. 이것을 비율로 나타내면 $\dfrac{8}{20}$이 되고 기약분수로 나타내면 $\dfrac{2}{5}$입니다.

3 비를 읽는 방법을 묻는 문제입니다. ④번의 9 대 6은 $9:6$을 나타냅니다. $9:6$을 나타내는 다른 표현은 9와 6의 비, 9의 6에 대한 비, 6에 대한 9의 비입니다.

4 글로 표현된 비를 식으로 표현할 수 있는지 묻는 문제입니다.

(1) 남학생 수와 여학생 수의 비는 차례대로 $25:20$으로 표현합니다.

(2) 남학생 수에 대한 여학생 수의 비는 기준량이 남학생 수, 비교하는 양이 여학생 수이므로 $20:25$입니다.

5 비를 비율로 바꿔서 크고 작음을 비교하는 문제입니다.

㉠ $8:12 \to \dfrac{8}{12}=\dfrac{2}{3}$, ㉡ $4:9 \to \dfrac{4}{9}$, ㉢ $3:5 \to \dfrac{3}{5}$,

㉣ $7:25 \to \dfrac{7}{25}$라고 나타냈을때, 통분을 하여 크고 작음을 비교합니다. 3, 9, 5, 25 의 최소공배수는 225 이므로, 통분하면

㉠ $\dfrac{2\times75}{3\times75} \to \dfrac{150}{225}$, ㉡ $\dfrac{4\times25}{9\times25} \to \dfrac{100}{225}$,

㉢ $\dfrac{3\times45}{5\times45} \to \dfrac{135}{225}$, ㉣ $\dfrac{7\times9}{25\times9} \to \dfrac{63}{225}$입니다. 큰 것부터 순서대로 나열하면 ㉠, ㉢, ㉡, ㉣입니다.

6 (1) 전체 고구마에 대한 이웃집에 준 고구마 수의 비는 $150:200$ 이고, 비율로 표시하면 $\dfrac{150}{200}$입니다. 백분율은 기준량이 100인 비율이므로, $\dfrac{150\div2}{200\div2} \to \dfrac{75}{100}$입니다. 따라서 전체의 75%를 이웃집에 주었음을 알 수 있습니다.

(2) 남은 고구마의 수는 $200-150$인 50개이므로 전체 고구마에 대한 남은 고구마의 비율은 $\dfrac{50}{200}$입니다. 백분율은 기준량이 100인 비율이므로

$\dfrac{50 \div 2}{200 \div 2}$ → $\dfrac{25}{100}$입니다. 따라서 고구마는 전체의 25%가 남았습니다.

다른 풀이

(2) 전체를 100으로 생각한 비율이 백분율입니다. (1)에서 전체의 75%를 이웃집에 주었으므로, 100-75=25가 남았습니다. 따라서 전체의 25%가 남았습니다.

7 크기의 비교는 같은 상태로 만든 후에 합니다.
$73\% = \dfrac{73}{100} = 0.73$이므로 0.73 > 0.703입니다.

8 철이는 전체 25문제 중 21문제를 맞혔습니다. 전체 문제 수에 대한 맞힌 문제 수의 비는 21:25이고 비율로 나타내면 $\dfrac{21}{25}$입니다. 백분율은 기준량을 100으로 한 비율이므로 $\dfrac{21 \times 4}{25 \times 4} = \dfrac{84}{100}$입니다. 따라서 철이는 전체 문제의 84%를 맞혔습니다.

9 비를 비율로 바꾸고, 백분율의 뜻에 따라 백분율을 구합니다.

(1) 전체 학생은 50명이고 '매우 만족'으로 대답한 학생은 9명입니다. 전체 학생에 대한 '매우 만족'으로 대답한 학생의 비는 9:50이고, 비율로 나타내면 $\dfrac{9}{50}$입니다. 백분율은 전체(기준량)를 100으로 한 비율이므로 $\dfrac{9 \times 2}{50 \times 2} = \dfrac{18}{100}$입니다. 따라서 전체 학생의 18%가 '매우 만족'으로 대답했습니다.

(2) 전체 학생에 대한 '만족'으로 대답한 학생의 비는 21:50이고, 비율로 나타내면 $\dfrac{21}{50}$입니다. $\dfrac{21 \times 2}{50 \times 2} = \dfrac{42}{100}$이므로 '만족'으로 대답한 학생은 전체 학생의 42%입니다. 전체 학생에 대한 '불만족'으로 대답한 학생의 비는 7:50이고, 비율로 나타내면 $\dfrac{7}{50}$입니다. $\dfrac{7 \times 2}{50 \times 2} = \dfrac{14}{100}$이므로 '불만족'으로 대답한 학생은 전체 학생의 14%입니다.

다른 풀이

백분율은 기준량을 100으로 했을 때의 비율이므로, 전체 학생 수를 100명으로 해서 표의 내용을 고쳐 봅시다. 전체 학생 수가 2배 많아졌으니 대답한 학생 수도 2배 해서 아래와 같습니다.

항목	매우 만족	만족	보통	불만족	매우 불만족	계
학생 수	18	42	24	14	2	100

이때 학생 수가 그대로 백분율이 됩니다.

(1) '매우 만족'으로 대답한 학생은 전체의 18%입니다.

(2) '만족'은 42%, '불만족'은 14%입니다.

개념 넓히기
p.64~67

1-1 36km		**1-2** 30분	
2-1 12		**2-2** 400g	
3-1 1100원		**3-2** 15300원	
3-3 24000원		**3-4** 20	

풀이 과정

1-1 우리가 구해야 할 두 지점 A, B 사이의 거리를 □라 두겠습니다. (시간)=$\dfrac{(거리)}{(속력)}$이므로 아래와 같이 식을 세울 수 있습니다.

(갈 때 걸린 시간)=$\dfrac{\square}{20}$, (올 때 걸린 시간)=$\dfrac{\square}{30}$,

$$(총 걸린 시간) = \dfrac{\square}{20} + \dfrac{\square}{30}$$
$$= \dfrac{\square \times 3}{20 \times 3} + \dfrac{\square \times 2}{30 \times 2}$$
$$= \dfrac{\square \times 3 + \square \times 2}{60}$$
$$= \dfrac{\square + \square + \square + \square + \square}{60}$$
$$= \dfrac{\square \times 5}{60}$$

총 걸린 시간은 3시간이므로 $3 = \dfrac{180}{60} = \dfrac{\square \times 5}{60}$입니다. 따라서 180=□×5에서 □에 알맞은 수는 36이므로 두 지점 사이의 거리는 36km입니다.

다른 풀이(비례식과 비례배분 학습 후 도전해 보세요.)

두 지점 A, B를 왕복하므로 같은 거리를 다른 속력으로 이동하는 문제입니다. A에서 B까지 갈 때는 시속 20km, B에서 A로 올 때는 시속 30km로 이동했습니다. 속력과 걸린 시간은 서로 반비례 관계이고, 갈 때와 올 때 속력의 비는 2:3이므로, 걸린 시간의 비는 3:2입니다. 전체 걸린 시간은 3시간이므로 A에서 B까지 갈 때 걸린 시간은 $3\times\dfrac{3}{3+2}=\dfrac{9}{5}$(시간)입니다. 속력에 시간을 곱하면 이동한 거리이므로 A에서 B까지 갈 때 이동한 거리는 $20\times\dfrac{9}{5}=36$(km)입니다. 반대로, B에서 A까지 올 때 걸린 시간은 $3\times\dfrac{2}{3+2}=\dfrac{6}{5}$(시간)이고, B에서 A까지 이동한 거리는 $30\times\dfrac{6}{5}=36$(km)입니다.

1-2 호수의 둘레를 같은 지점에서 출발하여 반대 방향으로 걸어가고 있으니, 둘이 걸은 거리가 둘레의 길이와 같을 때 만나게 됩니다. 둘레의 길이는 3km이고 속력은 분속 m이므로 단위를 똑같게 해야 합니다. 둘레의 길이를 미터로 바꾸면 3000m입니다. A는 분속 60m, B는 분속 40m이므로 1분에 둘이 움직인 거리의 합은 100m입니다. 따라서 처음 만나는 시각은 $3000\div100=30$(분)입니다.

다른 풀이(비례식과 비례배분 학습 후 도전해 보세요.)
A와 B의 속력의 비는 6:4이고, 간단하게 표현하면 3:2입니다. 이동한 거리는 속력에 비례하므로 이동한 거리의 비도 3:2입니다.
A와 B가 만났을 때 A가 이동한 거리는 $3000\times\dfrac{3}{3+2}=3000\times\dfrac{3}{5}=1800$(m)입니다. 시간은 거리를 속력으로 나누어 구하므로 A가 이동하는 데에 걸린 시간은 $1800\div60=30$(분)입니다.
반대로, B가 이동한 거리는 $3000\times\dfrac{2}{3+2}=3000\times\dfrac{2}{5}=1200$(m)이므로 B가 이동하는 데에 걸린 시간은 $1200\div40=30$(분)입니다.

2-1 진하기의 뜻을 이해했는지 묻는 문제입니다. 진하기가 8%인 설탕물 100g에 들어 있는 설탕의 양은
$$\dfrac{8}{100}\times100=8(g)$$
입니다. 그리고 진하기가 14%인 설탕물 200g에 들어 있는 설탕의 양은
$$\dfrac{14}{100}\times200=28(g)$$
입니다. 그러므로 전체 설탕의 양은 $8+28=36(g)$입니다. 설탕물의 양은 $100+200=300(g)$이므로 이

설탕물의 진하기는 $\dfrac{36}{300}\times100=12(\%)$입니다.

2-2 10%의 설탕물이 400g이 있습니다. 이 설탕물에 대한 설탕의 비율은 $\dfrac{10}{100}$이라고 할 수 있습니다. 설탕물이 400g 있으므로, 기준량을 400으로 만들어 보면, $\dfrac{10\times4}{100\times4}=\dfrac{40}{400}$입니다. 그러므로 설탕의 양은 40g입니다. (설탕물의 양)$=\dfrac{(설탕의 양)}{(진하기)}\times100$ 이므로 설탕 40g으로 진하기가 5%인 설탕물을 만들려면 $\dfrac{40}{5}\times100=800(g)$의 설탕물이 필요합니다. 현재 400(g)의 설탕물을 가지고 있으므로 400g의 물이 더 필요합니다.

다른 풀이(비례식과 비례배분 학습 후 도전해 보세요.)
설탕의 양은 40g으로 일정한데, 진하기가 반으로 줄었으므로 진하기의 비는 2:1입니다. 설탕물의 양은 진하기와 반비례 관계이므로 1:2라고 할 수 있습니다. 설탕물의 양을 비례식으로 나타내면 400:□=1:2이고, $400\times2=1\times\square$에서 □=800(g)임을 알 수 있습니다. 따라서 더 필요한 물의 양은 400g입니다.

3-1 1000원짜리 과자의 가격이 10% 인상되었습니다. 1000원을 10% 인상했을 때의 가격은
$$1000\times\left(1+\dfrac{10}{100}\right)=1000\times\dfrac{110}{100}=1100(원)입니다.$$

다른 풀이

1000원의 10%는 $1000\times\dfrac{10}{100}=100(원)$입니다. 가격이 인상되었으므로, 원래 가격에 100원을 더한 것이 인상된 가격이 됩니다. 그러므로 1100원입니다.

3-2 18000원을 15% 할인한 가격을 구합니다. 18000원을 15% 할인하면
$$18000\times\left(1-\dfrac{15}{100}\right)=18000\times\dfrac{85}{100}=15300(원)이므로$$
할인한 가격은 15300원입니다.

3-3 원가를 20% 인상한 가격이 정가이고, 정가에서 2400원을 뺀 가격이 판매 가격입니다. 사과 선물세트의 원가를 □라 하면, 원가를 20% 인상한 가격이 정가이므로 정가$=\square\times\left(1+\dfrac{20}{100}\right)=1.2\times\square$임을

알 수 있습니다. 그리고 정가에서 2400원을 할인한 것이 판매 가격이므로

판매 가격=1.2×□-2400 … ㉠

라고 할 수 있고, 이 가격으로 팔 때 원가의 10% 이익을 얻었으므로

판매 가격=□×$\left(1+\dfrac{10}{100}\right)$=1.1×□ … ㉡

입니다. 이때, ㉠과 ㉡은 같은 값이어야 하므로,

1.2×□-2400=1.1×□

1.1×□+0.1×□-2400=1.1×□

0.1×□-2400=0

□=24000입니다.

따라서 사과 선물 세트의 원가는 24000원입니다.

3-4 10000원에 50%의 이익은 10000×$\dfrac{50}{100}$=5000(원)

입니다. 정가는 원가에 이익을 더한 값이므로 15000원이고, 정가를 □% 할인한 가격이 판매가입니다. 이 가격으로 팔았을 때, 원가의 20% 이익을 얻었습니다. 원가의 20%는

10000×$\dfrac{20}{100}$=2000(원)

이므로 현재 판매하고 있는 가격은 12000원입니다. 따라서 정가 15000원에 대한 12000원의 비율은

$\dfrac{12000}{15000}$×100=80(%)

이므로 판매 가격은 정가 15000원에서 20% 할인한 가격임을 알 수 있습니다. 따라서 □=20입니다.

04 비례식과 비례배분

개념 확인   p.69

1 예) 6:14, 9:21, …		**2** 3, 3, 4, 5	
3 ②		**4** 5:3	
5 ②		**6** 121, 33	

풀이 과정

1 비의 전항과 후항에 0이 아닌 수를 곱하거나 나누어도 비율은 같습니다. 예를 들어, 3:7에서 전항과 후항에 2를 곱한다면, 3×2:7×2=6:14이므로 3:7과 6:14는 비율이 같은 비입니다.

2 비는 두 수를 편하게 비교하기 위해 사용합니다. 따라서 가능한 한 가장 간단한 형태로 표현해야 합니다. 일단 비 1.2:1.5의 전항과 후항에 10을 곱해 자연수로 만듭니다.

(1.2×10):(1.5×10)=12:15

더욱 간단하게 만들기 위해 전항과 후항을 최대공약수인 3으로 나눕니다.

12÷ 3 :15÷ 3 = 4 : 5

그러므로 빈칸에 들어갈 수는 3, 3, 4, 5입니다.

3 비례식은 비율이 같은 두 비를 기호 '='(같다)를 사용하여 나타낸 식입니다. ②번의 식만 등호의 양쪽이 비로 되어 있습니다.

4 곱셈식 ㉮×21=㉯×35는 비례식 ㉮:㉯=35:21로 나타낼 수 있습니다. 즉, ㉯에 대한 ㉮의 비는 35:21임을 알 수 있고, 가장 간단한 자연수의 비로 나타내면 5:3입니다.

다른 풀이

처음부터 가장 간단한 자연수의 비를 염두에 두고 21과 25의 최소공배수 105를 구합니다. ㉮에 5, ㉯에 3을 넣으면 되므로 ㉯에 대한 ㉮의 비를 가장 간단한 자연수의 비로 나타내면 5:3입니다.

5 비례식에서 내항과 외항의 곱은 서로 같습니다. 3:□=18:12에서 내항의 곱과 외항의 곱은 서로 같은 성질을 이용합니다. □×18=3×12에서 □에 알맞은 수는 3×12÷18이므로 ②번이 답이 됩니다.

6 비례배분을 이해하고 있는지 묻는 문제입니다. 11:3은 전체를 11+3=14로 했을 때 11과 3의 비로 배분하는 것입니다. 그러므로 154×$\dfrac{11}{14}$=121, 154×

$\dfrac{3}{14}$=33입니다.

개념 넓히기   p.71

1-1 12바퀴		**1-2** 8개	
1-3 ㉮=25개, ㉯=20개, ㉰=15개			

풀이 과정

1-1 톱니바퀴의 톱니 수가 많을수록 톱니바퀴는 천천히 돌아갑니다. 이것을 톱니바퀴의 톱니 수와 회

전수는 서로 반비례한다고 말합니다. 두 톱니바퀴 ㉮, ㉯의 톱니 수의 비는 4:3입니다. ㉮, ㉯의 회전수의 비는 톱니의 수와 반비례하므로 3:4입니다. 그러므로 ㉮ 톱니바퀴는 9바퀴, ㉯ 톱니바퀴는 ○바퀴 돌았다고 하고 비례식을 만듭니다.

9:○=3:4

내항의 곱과 외항의 곱은 서로 같으므로 3×○=9×4이고 ○=9×4÷3=12입니다. 그러므로 ㉯ 톱니바퀴는 12바퀴 돈다는 것을 알 수 있습니다.

1-2 두 톱니바퀴 ㉮, ㉯의 회전수를 비교하기 위해 같은 시간 동안 회전한 수로 정리합니다. ㉮ 톱니바퀴는 6분 동안 16바퀴 돌아가므로 3분 동안 8바퀴를 돕니다. ㉯ 톱니바퀴는 3분 동안 24바퀴를 돌았으므로 ㉮ 톱니바퀴보다 훨씬 빨리 돌아갑니다. 그러므로 톱니의 수는 ㉮가 더 많다는 것을 알 수 있습니다. 또한, ㉮, ㉯의 회전수의 비를 가장 간단한 자연수의 비로 나타내면 1:3입니다. 톱니 수와 회전수는 반비례 관계이므로 톱니 수의 비는 3:1이 됩니다. ㉮의 톱니는 24개, ㉯의 톱니를 △로 비례식을 세워 보면 24:△=3:1이고, 내항의 곱과 외항의 곱은 서로 같으므로 3×△=1×24입니다. △=1×24÷3=8이므로 ㉯의 톱니 수는 8개입니다.

1-3 항이 3개일 때의 비례식을 다루는 문제입니다. 항이 2개에서 3개로 늘어나면 우리가 알고 있는 비례식의 성질 중 '내항의 곱과 외항의 곱은 서로 같다'가 적용되지 않습니다.

㉮, ㉯, ㉰ 3명이 먹은 사탕의 비율 $\frac{㉮}{5}=\frac{㉯}{4}=\frac{㉰}{3}$은 3개 항의 비 ㉮:㉯:㉰=5:4:3를 비율로 표시한 것입니다. 전체를 5+4+3=12로 봤을 때 5:4:3만큼 나눠 먹은 것이므로 ㉮는 $60×\frac{5}{12}=25$(개), ㉯는 $60×\frac{4}{12}=20$(개), ㉰는 $60×\frac{3}{12}=15$(개)입니다.

1	24	**2**	23:37
3	87명	**4**	156m²
5	432cm²	**6**	16
7	30%	**8**	22개
9	2100원	**10**	120번
11	④	**12**	2, 1

풀이 과정

1 혼자서도 풀 수 있다, 단계별 힌트!

1단계	나누어지는 수와 몫의 변화를 관찰합니다.

나누어진 수는 111, 222, 333, 444, …로 2배, 3배, 4배 …씩 커지고 나누는 수는 37로 같으므로 몫은 2배, 3배, 4배 …씩 커집니다. 따라서 888은 111의 8배이므로 888÷37의 몫은 3의 8배인 24입니다.

2 혼자서도 풀 수 있다, 단계별 힌트!

1단계	철이가 가진 구슬의 수를 □개라고 놓고 식을 만듭니다.

철이가 가진 구슬의 수를 □개라고 하면 신혜가 가진 구슬의 수는 □+14개이므로 □+□+14=60, □+□=46, □=23입니다. (신혜가 가진 구슬 수)=23+14=37(개)이므로 (철이가 가진 구슬 수):(신혜가 가진 구슬 수)=23:37입니다.

3 혼자서도 풀 수 있다, 단계별 힌트!

1단계	전체 학생 수를 □라고 합니다.
2단계	비례식을 이용합니다.

6학년 전체 학생 수를 □명이라고 하고 백분율과 학생 수를 이용한 비례식을 세우면

42:100=63:□입니다.

42×□=100×63

42×□=6300, □=6300÷42=150이므로 전체 학생 수는 150명이고, 마지막 문제를 틀린 학생 수는 150−63=87(명)입니다.

4 (밭의 넓이)=12×20=240(m²)

(무를 심은 밭의 넓이)=$240×\frac{65}{100}=156$(m²)

5

혼자서도 풀 수 있다, 단계별 힌트!

1단계	(세로에 대한 가로의 비율)$=\dfrac{가로}{세로}$

(가로의 길이) : (세로의 길이)=3 : 4입니다. 세로에 대한 가로의 비율이 이므로 가로의 길이를 □라 하면 □ : 24=3 : 4이므로 □=24×3÷4=18(cm)입니다. 따라서 직사각형의 넓이는 18×24=432(cm²)입니다.

6

혼자서도 풀 수 있다, 단계별 힌트!

1단계	4개의 수 중에서 가장 작은 수를 □라고 놓고, 다른 수도 □를 이용하여 나타냅니다.

4개의 수 중에서 가장 작은 수를 □라고 하여 식을 만듭니다. 주어진 달력에서 4개의 수에 대한 규칙을 찾아보면 다음과 같습니다.

□	□+1
□+7	□+8

4개의 수의 합이 80이므로

□+(□+1)+(□+7)+(□+8)=80

4×□+16=80

4×□=80−16=64

□=64÷4=16

입니다. 따라서 4개의 수 중 가장 작은 수는 16입니다.

7

혼자서도 풀 수 있다, 단계별 힌트!

1단계	(할인율)$=\dfrac{(할인\ 금액)}{(정가)}\times100(\%)$

(할인 금액)=35000−24500

　　　　　　=10500(원)

따라서 장난감의 할인율(%)은 $\dfrac{10500}{35000}\times100=30(\%)$ 입니다.

8

혼자서도 풀 수 있다, 단계별 힌트!

1단계	사각형이 늘어남에 따라 성냥개비가 늘어나는 규칙을 파악합니다.

처음의 사각형을 만들 때 4개가 사용되고, 두 번째부터는 3개씩 늘어납니다. 따라서 정사각형 □개를 만들 때 성냥개비는 {4+3×(□−1)}개가 필요합니다. 성냥개비가 67개라 하였으므로 67=4+3×(□−1)을 풀면 63=3×(□−1), □=22입니다. 따라서 성냥개비 67개로 정사각형 22개를 만들 수 있습니다.

9 석기가 가지고 있던 돈을 □원이라 하면,

7 : 5=□ : 1500, 5×□=7×1500로 식을 세울 수 있

습니다. □=10500÷5=2100이므로 석기가 가지고 있던 돈은 2100원입니다.

10

혼자서도 풀 수 있다, 단계별 힌트!

1단계	(타율)$=\dfrac{(안타\ 수)}{(타수)}$

타율이 0.375이고 $0.375=\dfrac{375}{1000}=\dfrac{3}{8}$입니다. 8타수마다 안타를 3번 친 것이므로 안타를 45번 쳤을 때의 타수를 □번이라 하면 3 : 8 = 45 : □입니다.

3×□=8×45, 3×□=360, □=120이므로 안타를 45번 쳤을 때의 타수는 120번입니다.

11

혼자서도 풀 수 있다, 단계별 힌트!

1단계	비례식을 이용합니다.

76.5L의 물을 받기 위해 걸리는 시간을 □라 하면 7분 동안 8.5L의 물이 나오므로

7 : 8.5=□ : 76.5

14 : 17=□ : 76.5

17×□=76.5×14=1071

□=1071÷17=63

입니다. 그러므로 물을 받기 위해 걸리는 시간은 63분입니다.

12 ♠에 2를 곱하고 1을 더하면 ♡가 됩니다.

개념 끝내기 ② 회　　　　p.74~75

1 22분		**2** 1:6	
3 4:3		**4** 2.4km	
5 5:16		**6** 7:5	
7 50개		**8** 84개	
9 540만 원		**10** ⑤	
11 20만 원			

풀이 과정

1

혼자서도 풀 수 있다, 단계별 힌트!

1단계	비례식을 이용합니다.

양초가 타야 하는 시간을 □분이라고 하면

4 : 6=□ : 33

6×□=4×33

□=22
입니다. 그러므로 양초는 22분 동안 타야 합니다.

2

혼자서도 풀 수 있다, 단계별 힌트!
1단계	곱셈식을 비례식으로 나타내면 ㉮×㉯=㉰×㉱ → ㉮:㉰=㉱:㉯임을 이용합니다.

㉮의 $\frac{3}{5}$과 ㉯의 $\frac{1}{10}$이 같으므로 ㉮$×\frac{3}{5}$=㉯$×\frac{1}{10}$이고

비례식으로 나타내면 ㉮:㉯=$\frac{1}{10}$:$\frac{3}{5}$입니다.

이 비례식을 가장 간단한 자연수의 비로 나타내면

$\frac{1}{10}$:$\frac{3}{5}$=$\frac{1}{10}×10$:$\frac{3}{5}×10$=1:6입니다.

3

혼자서도 풀 수 있다, 단계별 힌트!
1단계	전체 일의 양을 1이라고 놓습니다.

전체 일의 양을 1이라 하면 정은이가 하루에 하는

일의 양은 $\frac{1}{3}$, 재호가 하루에 하는 일의 양은 $\frac{1}{4}$입

니다. 정은이와 재호가 각각 하루에 하는 일의 양의

비를 간단히 하면 $\frac{1}{3}$:$\frac{1}{4}$=$\left(\frac{1}{3}×12\right)$:$\left(\frac{1}{4}×12\right)$=4:3

입니다.

4 주어진 축척을 이용하여 비례식을 세우면
1:40000=6:(실제 거리)입니다.
(실제 거리)=6×40000
 =240000(cm)
 =2.4(km)
따라서 우체국에서 은행까지 실제 거리는 2.4km입
니다.

5

혼자서도 풀 수 있다, 단계별 힌트!
1단계	□% 이익을 붙입니다. → $\left(1+\frac{□}{100}\right)$을 곱합니다.

$60\%=\frac{60}{100}=0.6$, $\frac{1}{2}=0.5$이므로

㉮의 정가를 □원, ㉯의 정가를 △원이라 하면
□×(1+0.6)=△×(1−0.5)입니다.
□×1.6=△×0.5
□:△=0.5:1.6=(0.5×10):(1.6×10)=5:16
따라서 ㉮와 ㉯의 정가의 비는 5:16입니다.

6

혼자서도 풀 수 있다, 단계별 힌트!
1단계	톱니 수와 회전수는 반비례합니다.

톱니 수와 회전수는 반비례하므로
(㉮의 회전수):(㉯의 회전수)=49:35입니다.
49:35=(49÷7):(35÷7)=7:5이므로 ㉮와 ㉯의 회전
수의 비는 7:5입니다.

7 규칙을 찾아보면 다음과 같습니다.

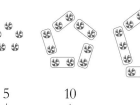

5	10	15
↓	↓	↓
1×5	2×5	3×5

따라서 10번째 모양의 사탕은 10×5=50(개)입니다.

8

혼자서도 풀 수 있다, 단계별 힌트!
1단계	아름이가 먹고 남은 귤의 수를 □라고 놓습니다.
2단계	비례배분을 이용합니다.

아름이가 7개 먹고 남은 귤의 수를 □개라고 하면

□×$\frac{3}{8+3}$=21, □×$\frac{3}{11}$=21

□=21÷$\frac{3}{11}$=21×$\frac{11}{3}$=77(개)

따라서 전체 귤의 개수는 77+7=84(개)입니다.

9

혼자서도 풀 수 있다, 단계별 힌트!
1단계	A가 투자한 금액을 □(만 원)라고 놓습니다.
2단계	비례배분을 이용합니다.

전체 이익금이 150만 원이므로 A가 투자한 금액을

□라 하면 다음과 같습니다.

150×$\frac{360}{□+360}$=60

150×360=60×(□+360)
54000=60×□+21600
60×□=54000−21600=32400
□=32400÷60=540(만 원)
따라서 A가 투자한 금액은 540만 원입니다.

10

혼자서도 풀 수 있다, 단계별 힌트!
1단계	□% 할인한다. → $\left(1−\frac{□}{100}\right)$을 곱합니다.

$30\%=\dfrac{30}{100}=0.3$, $\dfrac{1}{5}=0.2$이므로

㉠의 정가를 □원, ㉡의 정가를 △원이라 하면

□×(1−0.3)=△×(1−0.2)이므로

□×0.7=△×0.8입니다.

→ □ : △=0.8 : 0.7=(0.8×10) : (0.7×10)=8 : 7

따라서 상품 ㉠과 ㉡의 정가의 비를 가장 간단한 자연수의 비로 나타내면 8 : 7입니다.

11

혼자서도 풀 수 있다, 단계별 힌트!	
1단계	갑과 을이 일한 총 시간을 구합니다.
2단계	비례배분을 이용합니다.

갑이 일한 시간 : 3×5=15시간

을이 일한 시간 : 2×6=12시간

갑과 을이 일한 시간의 비 → 15 : 12=5 : 4

일한 시간에 비례하여 품삯을 나누므로 갑이 받을 품삯은 다음과 같이 구할 수 있습니다.

$$(\text{갑이 받을 품삯})=360000\times\dfrac{5}{5+4}$$

$$=360000\times\dfrac{5}{9}$$

$$=200000(\text{원})$$

Ⅲ 자료와 가능성

01 여러 가지 그래프

개념 확인   p.79

1 ③   **2** ③

3 해설 참조

풀이 과정

1 막대그래프에서 수박이 있는 칸은 네 칸 색칠되어 있으므로, 수박을 좋아하는 학생은 4명입니다.

2 막대그래프는 '가장 큰' 또는 '가장 작은'과 같은 상황을 쉽게 파악할 수 있는 장점이 있습니다. 막대그래프를 보면 맨 오른쪽 막대가 가장 긴 것을 알 수 있습니다. 그 칸은 귤에 해당하므로 가장 많은 학생이 좋아하는 과일은 귤입니다.

3 가로줄을 악기, 세로줄을 학생 수로 하여 막대그래프를 그려 봅니다.

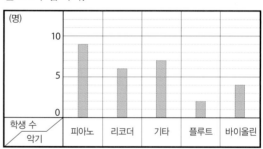

개념 넓히기   p.80~81

1-1 ⑤   **2-1** 해설 참조

풀이 과정

1-1 도수의 총합이 50이므로, 중간에 비어 있는 칸에 알맞은 수는 16입니다. 6권 미만을 읽은 학생 수는 위부터 세 칸의 학생 수 총합이므로 10+8+16=34(명)입니다. 전체 학생 수에 대한 34명의 비율은 $\dfrac{34}{50}$이고, 백분율은 전체를 100으로 했을 때의 비율이므로 $\dfrac{34\times2}{50\times2}=\dfrac{68}{100}$로 68%입니다.

다른 풀이

6권 미만을 읽은 학생 수는 위부터 세 칸의 학생 수 총합이므로 합계 50에서 아래부터 두 칸의 학생 수 총합을 빼면 됩니다.

50−(7+9)=34(명)

이후 과정은 위 풀이와 같습니다.

2-1 주어진 도수분포표의 내용을 히스토그램과 도수분포다각형으로 나타냅니다.

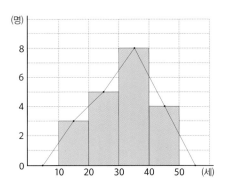

02 평균과 가능성

개념 확인		p.83~85
1 ㉢	2	15℃
3 7문제	4	③
5 ④	6	②
7 ③		

풀이 과정

1 ㉠은 자료에서 가장 큰 값이고, 최댓값이라 합니다. ㉡은 자료에서 가장 작은 값이고, 최솟값이라 합니다. ㉢은 정확한 평균의 정의입니다. 평균을 이렇게 간단하게 계산할 수 없는 경우에는 개념 다지기에서 배운 공식을 사용합니다.

2 평균의 의미를 이해하고 표를 해석할 수 있는지 묻는 문제입니다. 표의 윗줄은 기온을 측정한 시각을 나타내고, 아랫줄은 그때의 온도를 나타냅니다. 평균은 자료의 값을 모두 더한 수를 자료의 수로 나눈 것이므로

$$\frac{9.5+15.3+20.6+18.2+11.4}{5}=15(℃)입니다.$$

3 평균을 이용해 빈칸의 수를 구해 봅니다. 승재는

하루 평균 5문제를 5일 동안 풀었으므로 5일 동안 푼 전체 문제 수는 5×5=25(문제)입니다. 5일째에 푼 문제 수를 □라 하면,

3+5+4+6+□=25, 18+□=25

이므로 □에 알맞은 수는 7입니다. 따라서 승재가 5일째에 7문제를 풀었다는 것을 알 수 있습니다.

4 일이 일어날 가능성을 수로 표현하면, 일어날 가능성이 없을 때 0, 무조건 일어날 가능성이 있는 일은 1, 반반인 경우를 $\frac{1}{2}$이라고 표현합니다. 전체 10개의 숫자 중 짝수는 2, 4, 6, 8, 10의 5개가 있습니다. 그중 한 장을 뽑아 짝수일 가능성을 묻고 있으므로, 가능성이 반반인 것을 알 수 있습니다. 수로 나타내면 $\frac{1}{2}$입니다.

5 상자에 5개의 검은 공과 3개의 흰 공, 즉 8개의 공이 들어 있습니다. 흰 공이 검은 공보다 적으므로 흰 공을 뽑을 가능성이 검은 공을 뽑을 가능성보다 작다는 것을 알 수 있습니다. 즉, 흰 공을 뽑을 가능성은 반반$\left(\frac{1}{2}\right)$보다 작습니다. 또한, 우리가 상자를 보면서 흰 공을 꺼낸다면 무조건 흰 공을 꺼낼 수 있으므로 가능성은 1이 됩니다. 따라서 답은 ④입니다.

6 무조건 일어나는 일을 보기에서 고릅니다.

ㄱ. 하늘에서 수박만 한 우박이 떨어지는 것도 드문 일이지만, 그날이 오늘이라면 가능성은 더욱 낮습니다.

ㄴ. 동전을 던져 숫자가 있는 면이 나올 가능성은 반반입니다.

ㄷ. 해는 오늘과 같이 내일도 동쪽에서 뜰 것입니다.

ㄹ. 이번 시험에서 백 점을 맞는 것은 꼭 일어나도록 노력해야 하는 일이지, 말하는 순간 가능성이 1이 되는 것은 아닙니다.

따라서 정답은 ㄷ으로 1개입니다.

7 동전을 던지면 숫자가 있는 면이 나오거나 그림이 있는 면이 나옵니다. 동전은 숫자가 있는 면과 그림이 있는 면뿐이므로, 그림이 있는 면이 나올 가능성은 반반입니다.

1-1 3.2회　　　　　　**1-2** 4.3시간

2-1 (1)3가지 (2)4가지　**2-2** 2가지

3-1 5　　　　　　　**3-2** $\dfrac{1}{6}$

3-3 바꾸는 것이 유리하다.

풀이과정

1-1 턱걸이 횟수를 모두 더하면 1×3+2×5+3×6+4×7+5×3+6×1=80이고, 자료의 수는 전체 학생 수이므로 25입니다. 따라서 평균=$\dfrac{80}{25}$=3.2(회)입니다.

1-2 평균을 구하기 위해 중간값을 이용한 표로 바꿉니다.

독서 시간	1	3	5	7	9	계
학생 수(명)	4	5	6	4	1	20

독서 시간을 모두 더하면
1×4+3×5+5×6+7×4+9×1=86이고, 자료의 수는 전체 학생 수이므로 20입니다.

따라서 평균=$\dfrac{86}{20}$=4.3(시간)입니다.

2-1 (1) 똑같은 동전 2개를 던지면 둘 다 앞면, 둘 다 뒷면, 하나는 앞면이고 하나는 뒷면인 총 3가지 결과가 나옵니다. 두 동전이 완전히 같기 때문에 우리는 (앞면, 뒷면)과 (뒷면, 앞면)인 경우를 하나의 사건으로 보게 됩니다.

(2) 서로 다른 두 동전을 ㉠, ㉡이라 하면,

㉠	앞	앞	뒤	뒤
㉡	앞	뒤	앞	뒤

이므로 경우의 수는 4가지입니다.

다른 풀이

(2) 동전 ㉠을 던지는 사건과 ㉡을 던지는 사건은 동시에 일어나고, 각각의 경우의 수는 앞, 뒤의 2가지이므로 2×2=4로 모두 4가지입니다.

2-2 주머니 안에 있는 공은 총 5개이고, 색깔의 종류는 빨강과 파랑으로 2가지입니다. 주머니에서 한 개의 공을 꺼내면 똑같은 모양의 공이 색깔만 다르므로, 빨간색이 나오는 경우와 파란색이 나오는 2가지의 결과만 보게 됩니다.

3-1 주머니에서 한 개의 구슬을 꺼내는 모든 경우의 수는 (3+4+□)가지입니다. 이때, 흰 구슬이 나오는 경우는 3가지입니다. 흰 구슬이 나오는 확률은 $\dfrac{3}{3+4+\square}$이고, 이 확률은 $\dfrac{1}{4}$와 같습니다.

$\dfrac{1}{4}=\dfrac{1\times3}{4\times3}=\dfrac{3}{12}$이고, $\dfrac{3}{12}=\dfrac{3}{3+4+\square}$이므로 12=3+4+□입니다. 따라서 □=5입니다.

3-2 서로 다른 2개의 주사위를 ㉠, ㉡이라 하겠습니다. 두 주사위를 동시에 던지는 경우의 수는 6×6=36가지입니다. 이중 나온 눈의 합이 5 미만인 경우의 수는 아래 표와 같이 6가지입니다.

㉠	1	1	1	2	2	3
㉡	1	2	3	1	2	1

따라서 확률은 $\dfrac{6}{36}=\dfrac{1}{6}$입니다.

3-3 서로 다른 세 개의 문에서 하나를 고르는 사건에서 일어날 수 있는 모든 경우의 수는 3가지입니다. 세 문 중에서 고급 스포츠카가 들어 있는 문은 하나뿐이므로 처음 선택한 문이 고급 스포츠카가 있는 문일 확률은 $\dfrac{1}{3}$입니다.

참가자가 처음에 선택한 문을 바꿔 스포츠카가 나왔다면, 참가자가 처음 고른 문 뒤에는 염소가 있었다는 뜻입니다. 즉, 선택한 문을 바꿔 고급 스포츠카가 나오는 확률은 처음에 염소가 있는 문을 고르는 확률과 같아서 $\dfrac{2}{3}$입니다. 따라서 선택을 바꾸는 것이 유리합니다.

1 (1) ㉡, ㉣ (2) ㉠, ㉢　**2** 260권

3 ㉢　　　　　　　**4** ③

5 (1) 1반 (2) 2반, 3반, 4반

6 ②, ③　　　　　　**7** ④

8 12시와 오후 2시 사이

9 해설 참조

풀이과정

1 각 상황에 알맞은 것으로 나타내어 봅니다. ㉡, ㉣

의 설명은 표에 관한 설명이고, ㉠, ㉢의 설명은 막대그래프에 관한 설명입니다.

2

혼자서도 풀 수 있다, 단계별 힌트!	
1단계	네 서점의 평균을 구해 봅니다.
2단계	5개 서점의 평균이 5권이 올라가기 위한 '마' 서점의 판매량을 구해 봅니다.

네 서점의 평균은 $\frac{260+230+300+150}{4}=235$입니다.

5개 서점의 책 판매량의 평균이 240일 때 '마' 서점의 책 판매량을 □라고 하면,

$\frac{260+230+300+150+□}{5}=240$

이므로 □=260입니다.

3 세로 눈금 한 칸은 5명을 나타냅니다. 백두산을 가고 싶어 하는 학생 수는 45명이고, 한라산을 가고 싶어 하는 학생 수는 25명, 설악산에 가고 싶어 하는 학생 수는 35명, 지리산에 가고 싶어 하는 학생 수는 20명입니다. 그러므로 옳은 것은 ㉢입니다.

4 (햄버거를 좋아하는 학생 수)=40−(6+14+8)=12(명)입니다. 그래프의 눈금은 가장 많은 학생 수까지 나타낼 수 있어야 하므로 적어도 14명까지 나타낼 수 있어야 합니다.

5 (1) 여학생을 나타내는 막대의 길이가 가장 긴 반은 1반입니다.
(2) 2반, 3반, 4반에서 남학생의 막대가 여학생의 막대보다 더 깁니다.

6 기쁨 산부인과에서 태어난 여아 수는 5명입니다. 그리고 행복 산부인과에서 태어난 남아 수는 3명입니다. 그러므로 ②, ③번이 틀렸습니다.

7 일주일 동안 수진이의 매달리기 기록의 변화를 편리하게 확인하기 위해서 꺾은선그래프를 이용합니다.

〈수진이의 매달리기 기록〉

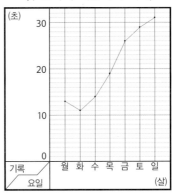

기록이 가장 많이 좋아진 때는 그래프가 기울어진 정도의 변화가 가장 큰 목요일과 금요일 사이이고, 7초가 늘었습니다.

8 지온의 증가를 나타내는 선분 중 기울어진 정도의 변화가 가장 심한 때를 찾아봅니다.
→ 12시와 오후 2시 사이

9 확실한 상황은 일이 일어날 가능성이 1인 상황을 말하며, 불확실한 상황은 일이 일어날 가능성이 0인 상황을 말합니다. 예를 들어, 주사위를 던졌을 때 6 이하의 눈이 나오는 상황은 확실한 상황이라 할 수 있고, 7 이상의 눈이 나오는 상황은 불가능한 상황이라고 할 수 있습니다.

01 기본 도형

개념 확인		p.95~97
1 ㄱ, ㄷ		**2** ①
3 (1) 반직선 ㄱㄷ, 반직선 ㄱㄹ (2) 없다.		
4 ①		**5** 6
6 70°		**7** ②

풀이 과정

1 ㄴ. 아무리 작은 점도 확대해 보면 조금은 넓이를 가지리라 착각할 수 있지만 이는 표현의 한계일뿐 점은 넓이를 가지지 못하는 도형입니다. (×)

ㄹ. 서로 다른 세 점이 일직선상에 놓여 있는 경우 이 점으로 만든 직선은 선분과 달리 한 개일 수 있습니다. 따라서 거짓입니다. (×)

ㅁ. 하나의 각은 작은 안쪽 각과 큰 바깥쪽 각으로 나누어집니다. 일반적으로 각의 크기라 하면 두 각 중 작은 각을 의미하지만 이는 안쪽 각으로 바깥쪽 각을 구할 수 있으니 생각하지 않는 것뿐이고 각은 180도를 넘을 수 있습니다. (×)

2 반직선의 첫 번째 기호는 시작점으로 유일하지만 두 번째 기호는 무수히 많습니다. 반직선 ㄷㄴ은 점 ㄷ을 시작점으로 하고 점 ㄴ을 경유하여 끝없이 진행하므로 반직선 ㄱㄹ과의 공통부분은 점 ㄱ부터 점 ㄷ까지입니다. 따라서 공통부분은 선분 ㄱㄷ 또는 선분 ㄷㄱ입니다.

3 (1) 반직선 ㄱㄴ은 시작점이 점 ㄱ이고 점 ㄴ을 향하는 직선이기 때문에 반직선 ㄱㄷ이나 반직선 ㄱㄹ과 같습니다.

(2) 선분 ㄱㄴ과 크기가 같은 선분은 여러 개 있지만 길이가 같다고 같은 선분이 되는 것이 아니라 양 끝점 또한 같아야 합니다. 따라서 선분 ㄱㄴ(선분 ㄴㄱ)과 같은 선분은 자기 자신 외에는 없습니다.

4 ① 두 직선이 같으려면 두 점 이상을 공유하고 있으

면 됩니다. 점의 이름이 달라도 두 직선은 같을 수 있습니다.

②, ⑤ 두 반직선이 같으려면 시작점이 같고 직선의 진행 방향이 같아야 합니다.

③, ④ 두 선분이 같으려면 양 끝점이 같아야 합니다.

5 예각은 30°, 60°, 45°, 둔각은 145°, 120°, 175°입니다. 90°는 직각, 180°는 평각이라 부릅니다. 따라서 각각 3개씩 있으므로 □ 안의 두 수의 합은 6입니다.

6 접은 도형은 도형의 일부가 대칭되어 위치만 바뀔 뿐 선분의 길이나 각의 크기는 같습니다. 35°가 표시되어 있는 각 ㄹㅁㄷ을 접어 포개어지는 것은 각 ㅂㅁㄷ입니다. 따라서 (각 ㄹㅁㄷ)=(각 ㅂㅁㄷ)이고 (각 ㄹㅁㅅ)=70°입니다. 여기에서 이 직사각형 모양의 종이를 180° 회전시켜 본래 모형에 포개어 보면 각 ㄴㅂㅁ이 각 ㄹㅁㅂ과 같다는 것을 알 수 있습니다. 따라서 (각 ㄴㅂㅁ)=70°입니다.

다른 풀이 1

다음 단원에서 배울 개념 넓히기의 엇각을 이용하면 각 ㄴㅂㅁ이 각 ㄹㅁㅂ과 같다는 것을 알 수 있습니다.

다른 풀이 2

평각은 180°이므로 (각 ㄱㅁㅂ)=110°임을 알 수 있고 다음 단원에서 배울 사각형의 내각의 합이 360°임을 이용하여 (각 ㄱㅁㅂ)+(각 ㄴㅂㅁ)=180°임을 알 수 있습니다. 두 사실을 조합하면 (각 ㄴㅂㅁ)=70°임을 알 수 있습니다.

다른 풀이 3

다음 단원에서 배울 사각형의 성질에서 사다리꼴의 이웃하는 두 각의 합이 180°임을 배우게 됩니다. 이 성질을 이용하면 (각 ㄴㅂㅁ)=70°임을 구할 수 있습니다.

7

혼자서도 풀 수 있다, 단계별 힌트!	
1단계	12시에 가상의 기준선을 두고 생각해 봅니다.
2단계	분침은 1시간에 360° 회전합니다. 1분에 몇 ° 회전할까요?
3단계	시침은 1시간에 30° 회전합니다. 1분에 몇 ° 회전할까요?

12시 방향에 기준선을 두고 분침과 시침이 벌어진 각을 구합니다. 분침은 1시간에 360° 회전하고 1시

간은 60분이므로, 1분에 6° 회전합니다. 따라서 매 시각 45분이 되면 분침은 12시 기준선과 270° 차이가 납니다. 시침은 1시간에 30° 회전하고 1시간은 60분이므로, 1분에 0.5° 회전합니다. 따라서 45분이 흐르면 시침은 22.5° 회전합니다. 이때, 12시 방향의 기준선부터 4시 사이는 120° 차이가 납니다. 따라서 4시 45분에 시침과 분침이 이루는 각 중 작은 쪽 각의 크기는 270°−120°−22.5°=127.5°입니다.

개념 넓히기 p.98~99

1-1 ④	2-1 6개

풀이 과정

1-1 혼자서도 풀 수 있다, 단계별 힌트!

1단계	점에 번호를 매겨 빠뜨리거나 중복하여 세는 경우를 피합니다.
2단계	순서대로 직접 직선을 그어 가며 개수를 세고 추가되는 것들을 기록해 봅니다.
3단계	추가되는 직선은 한 개씩 줄어듭니다.

점에 1번부터 8번까지 번호를 매겨 구별합니다. 1번 점에서 그을 수 있는 직선의 개수는 7개입니다.

2번 점에서 그을 수 있는 직선 7개 중 1번 점과 이은 직선은 이미 세었으니 빼면 6개의 직선이 추가됩니다. 이와 같은 방법으로 8개의 점에서 그을 수 있는 직선을 모두 구하면 7+6+5+4+3+2+1=28(개)가 됩니다.

다른 풀이

그을 수 있는 직선이 7개인 점이 8개 있지만 한 직선은 양 끝점에서 2번씩 그려지므로 7×8÷2=28(개)입니다.

2-1 그림은 작은 각 6개가 모여 평각을 이루고 있습니다. 따라서 작은 각 한 개는 30°입니다.

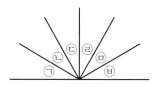

각 1개짜리는 ㉠, ㉡, ㉢, ㉣, ㉤, ㉥으로 6개가 있으며 이 6개는 모두 30°로 예각입니다. 각 2개짜리는 ㉠+㉡, ㉡+㉢, ㉢+㉣, ㉣+㉤, ㉤+㉥으로 5개

가 있으며 이 5개는 모두 60°로 예각입니다. 각 3개짜리는 ㉠+㉡+㉢, ㉡+㉢+㉣, ㉢+㉣+㉤, ㉣+㉤+㉥으로 4개가 있으며 이 4개는 모두 90°로 직각입니다. 각 4개짜리는 ㉠+㉡+㉢+㉣, ㉡+㉢+㉣+㉤, ㉢+㉣+㉤+㉥으로 3개가 있으며, 이 3개는 모두 120°로 둔각입니다. 각 5개짜리는 ㉠+㉡+㉢+㉣+㉤, ㉡+㉢+㉣+㉤+㉥으로 2개가 있으며 이 2개는 모두 150°로 둔각입니다. 각 6개짜리는 ㉠+㉡+㉢+㉣+㉤+㉥이며 180°로 평각입니다.

따라서 예각은 11개, 둔각은 5개 있으므로 예각은 둔각보다 6개 많습니다.

02 평면도형

개념 확인 p.101~109

1 (1) ○ (2) × (3) × (4) × (5) ○

2 해설 참조 **3** 110

4 60° **5** 4개

6 18 cm 또는 15 cm **7** 35°

8 ②

9 (1) ○ (2) × (3) × (4) ○ (5) ×

10 10 cm **11** 47°

12 ②

13 (1) ○ (2) ○ (3) ○ (4) × (5) × (6) ×

14 15개 **15** 12개

16 2개 **17** 해설 참조

18 ① **19** 3가지

20 157.5° **21** 35개

풀이 과정

1 (2) 선분은 끝없이 이어지는 직선과는 다르므로 평행하지 않아도 만나지 않을 수 있습니다. (×)

(3) 두 평행선 사이의 거리는 수선의 길이와 같습니다. 두 평행선을 잇는 선분이라도 평행선에 수직이 아니면 거리와 다릅니다. (×)

(4) 다음 그림과 같이 네 변의 길이가 서로 같아도 합동이 아닐 수 있습니다. (×)

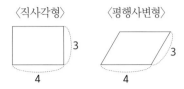

〈직사각형〉 〈평행사변형〉

2 여러 가지 경우로 나누어 그림을 그려 가며 구해 봅니다. (중복되는 직선에 유의한다)
- 직선 ㄱㄷ∥ㄹㅂ∥ㅅㅈ
- 직선 ㄱㅅ∥ㄴㅇ∥ㄷㅈ
- 직선 ㅅㄷ∥ㄹㄴ∥ㅇㅂ
- 직선 ㄱㅈ∥ㄹㅇ∥ㄴㅂ
- 직선 ㅅㄴ∥ㅇㄷ
- 직선 ㄱㅇ∥ㄴㅈ
- 직선 ㅅㅂ∥ㄹㄷ
- 직선 ㄱㅂ∥ㄹㅈ

3 그림과 같이 직선 가, 직선 나와 직선 다가 만나는 점에서 다른 직선에 수선을 그으면 합동인 두 삼각형이 만들어집니다.

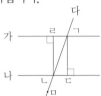

이때 (각 ㄹㄱㄴ)=(각 ㄷㄴㄱ)이고 (각 ㄱㄴㄷ)+(각 ㄷㄴㅁ)=180°이므로 (각 ㄷㄴㅁ)=110°입니다.

4 삼각형의 내각의 총합은 180°이므로 삼각형 ㄹㄷㄴ에서 각 ㄹㄷㄴ은 90°입니다. 또한 삼각형 ㄹㄷㄴ과 삼각형 ㄱㄴㄷ은 합동이고 삼각형 ㄹㄷㄴ에서 꼭짓점 ㄴ의 대응점은 삼각형 ㄱㄴㄷ의 꼭짓점 ㄷ이므로 (각 ㄴㄷㄱ)=30°이고 (각 ㅇㄷㄹ)=90°-(각 ㅇㄷㄴ)=60°입니다. 삼각형의 내각의 총합이 180°임을 이용하여 (각 ㄹㅇㄷ)=60°이고 (각 ㄴㅇㄷ)=120°입니다. 따라서 (각 ㄱㅇㄴ)=60°입니다.

5 아래 그림의 빗금 친 두 삼각형은 합동입니다.

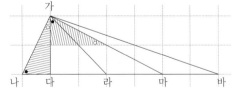

삼각형의 세 내각의 합은 180°이고, (각 가다나)=90°이므로 ○+●=90°입니다. 따라서 (각 나가마)=90°이며 (삼각형 나가마)는 직각삼각형입니다. 가를 둔각으로 가지는 삼각형은 (삼각형 나가바) 1개입니다. 라를 둔각으로 가지는 삼각형은 (삼각형 가라마)와 (삼각형 가라바) 2개입니다. 마를 둔각으로

가지는 삼각형은 (삼각형 가마바) 1개입니다. 따라서 둔각삼각형은 모두 4개입니다.

6 이등변삼각형은 두 변의 길이가 같고 한 변의 길이가 다르거나 세 변의 길이가 모두 같습니다. 만일 세 변의 길이가 모두 같다면 둘레의 길이가 42cm가 되기 위해 한 변의 길이는 13cm가 되어야 하는데 이는 한 변의 길이가 12cm라는 조건을 만족하지 못하여 이 삼각형은 두 변의 길이가 같고 한 변의 길이는 다르다는 것을 알 수 있습니다. 길이가 같은 두 변의 길이가 12cm라면 나머지 한 변의 길이는 42-12-12=18(cm)입니다. 길이가 다른 한 변의 길이가 12cm라면 길이가 같은 두 변의 길이의 합은 42-12=30(cm)입니다. 즉, 다른 변의 길이는 15cm입니다. 따라서 길이가 12cm가 아닌 변의 길이는 18cm이거나 15cm입니다.

7

삼각형 ㄱㄴㄷ은 이등변삼각형이므로 각 ㄱㄷㄴ의 크기는 70°입니다. (각 ㄱㄷㄴ)+(각 ㄹㄷㄴ)=180°이므로 (각 ㄹㄷㄴ)=110°입니다. 삼각형 ㄹㄷㄴ은 이등변삼각형이므로 (각 ㄴㄹㄷ)의 크기는 35°입니다.

8 삼각형은 내각의 합이 180도이므로 한 각이 둔각이면 다른 두 각은 예각일 수밖에 없습니다. 따라서 둔각삼각형의 한 각은 둔각이나 예각일 수 있으나 직각일 수는 없습니다.

9

혼자서도 풀 수 있다, 단계별 힌트!	
1단계	그림을 그려서 생각해 봅니다.
2단계	예외가 있으면 옳지 않은 것으로 봅니다.

(2) 직사각형은 정사각형이 아닐 수 있습니다.
(3) 두 대각선이 서로 직각이라도 서로 이등분하지 않으면 마름모가 아닙니다.
(5) 정사각형을 반으로 접어도 한 각은 90도이므로 정삼각형이 될 수 없습니다.

10 이등변삼각형의 둘레의 길이는 12+12+16=40(cm)입니다. 정사각형의 한 변의 길이를 □라 하면 둘레

의 길이는 □+□+□+□=□×4=40(cm)입니다. 따라서 정사각형의 한 변의 길이는 10cm입니다.

11

마름모는 이웃하는 두 각의 합이 180°이므로 (각 ㄱㄹㄷ)의 크기는 94°입니다.

180°=(각 ㄱㄹㄷ)+(각 ㄷㄹㅁ)

=(각 ㄹㄷㅁ)+(각 ㄹㅁㄷ)+(각 ㄷㄹㅁ)

이므로 (각 ㄱㄹㄷ)=(각 ㄹㄷㅁ)+(각 ㄹㅁㄷ)=94°입니다. 사각형 ㄱㄴㄷㄹ은 마름모이므로

(변 ㄴㄷ)=(변 ㄷㄹ)이고, 사각형 ㄴㄷㅁㄹ은 평행사변형이므로

(변 ㄴㄷ)=(변 ㅁㄹ)입니다.

(변 ㄷㄹ)=(변 ㅁㄹ)이므로 삼각형 ㄹㄷㅁ은 이등변삼각형입니다. 따라서

(각 ㄹㄷㅁ)+(각 ㄹㅁㄷ)=94°이면

(각 ㄹㄷㅁ)=(각 ㄹㅁㄷ)=47°입니다.

12 '□는 △입니다'라는 수학 표현은 '□에는 여러 가지가 있지만 모두 △를 만족합니다.'라는 뜻입니다.

예) 사람은 동물입니다. (참)

동물은 사람입니다. (거짓)

② 정사각형은 직사각형에 포함되지만 직사각형은 정사각형이 아닐 수 있어서 포함되지 않습니다.

13 (1) 사각형의 안쪽 모든 각을 더하면 360°입니다. (○)

(2) 사각형의 네 각 중 하나는 180°를 넘을 수 있습니다. (○)

다음 그림과 같이 한쪽 각이 180°를 넘는 사각형을 오목사각형이라고 합니다.

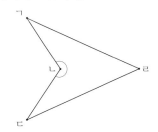

(3) 모든 사각형은 두 개의 삼각형으로 나눌 수 있습니다. (○)

(4) 변의 길이가 서로 같은 두 삼각형을 붙이면 사각형이 됩니다. (×)

다음 그림과 같이 삼각형 두 개를 붙여도 사각형이 되지 못하는 경우가 있습니다.

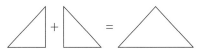

(5) 변의 길이가 서로 같은 정삼각형 두 개를 붙이면 정사각형이 됩니다. (×)

정삼각형의 내각의 크기는 모두 60°이지만 정사각형의 내각의 크기는 모두 90°이어야 하므로 틀린 설명입니다.

(6) 정사각형이 아닌 직사각형은 마름모입니다. (×)

마름모는 네 변의 길이가 같은 사각형입니다. 정사각형이 아닌 직사각형은 이웃하는 두 변의 길이가 달라 마름모가 아닙니다.

14 그림과 같이 평행사변형 모양의 종이를 겹치지 않게 붙여 만든 도형은 가로의 길이가 5의 배수이고 사선의 길이가 3의 배수입니다.

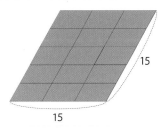

마름모는 이웃하는 두 변의 길이가 같아야 하므로 한 변의 길이가 5의 배수이면서 3의 배수가 되어야 합니다. 즉, 15의 배수가 되어야 하므로 15개의 종이가 필요합니다.

15 14번과 같은 원리입니다. 긴 변의 길이가 4, 짧은 변의 길이가 3이 되므로 한 변의 길이가 4의 배수이면서 3의 배수가 되어야 합니다. 즉, 12의 배수가 되어야 하므로 12개의 종이가 필요합니다.

16 14번과 같은 원리입니다. 긴 변의 길이가 6, 짧은 변의 길이가 3이 되므로 한 변의 길이가 6의 배수이면서 3의 배수가 되어야 합니다. 6의 배수는 3의 배수이기도 하므로 한 변의 길이는 6의 배수가 되어야 합니다. 즉, 2개의 종이가 필요합니다. (두 변의 길이를 곱한 것과 다를 수 있으므로 주의합니다)

17 길이가 다른 변이 존재하는 것 : 사다리꼴, 평행사변형, 직사각형

이웃하는 두 각의 합이 180°인 것 : 평행사변형, 마름모, 직사각형, 정사각형

대각선으로 접었을 때 포개어지는 것 : 마름모, 정사각형

18 삼각형은 대각선이 존재하지 않는 다각형입니다.

19 정팔각형의 경우 한 꼭짓점에서 5개의 대각선을 그을 수 있고 그러한 꼭짓점이 8개가 존재하지만 구하고자 하는 것은 길이가 서로 다른 것이 몇 가지인지 세는 것이므로 오른쪽 그림과 같이 3가지가 됩니다.

20 그림 1과 같이 정팔각형은 6개의 삼각형으로 나눌 수 있고 삼각형의 내각의 총합이 180°이므로 정팔각형의 내각의 총합은 180°× 6=1080°입니다. 이때 정팔각형의 8개의 내각은 서로 같으므로 한 내각의 크기 ㉠은 135°입니다. 그림 2와 같이 정팔각형의 이웃하지 않는 네 꼭짓점을 이어 정사각형을 만든 후 반을 나누면 ㉡+45° 의 값은 정팔각형의 한 내각의 절반이 됩니다. 따라서 ㉡=22.5°입니다. 그러므로 ㉠과 ㉡의 크기의 합은 157.5°입니다.

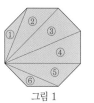
그림 1

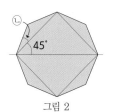
그림 2

21 각 꼭짓점에 번호를 매기고 첫 번째 꼭짓점부터 그을 수 있는 대각선의 개수를 세어 보면 7+7+6+5+4+3+2+1=35(개)입니다.

개념 넓히기　　　　p.111~115

1-1	㉮=30°, ㉯=35°	**1-2**	30°
1-3	140°	**1-4**	65°
2-1	120°	**2-2**	46°
2-3	①	**3-1**	②
4-1	③	**4-2**	27개
4-3	3	**4-4**	12

풀이 과정

1-1 150°+㉮=180° → ㉮=30°
　　　245°-㉮-㉯=180° → ㉯=35°

1-2 70°인 각의 꼭짓점을 지나며 두 평행선과 평행한 직선을 긋고, 평행선에서 엇각의 성질이 같다는 성질을 이용하면 아래 그림과 같이 각을 구할 수 있습니다. 그리고 삼각형 세 내각의 합이 180°라는 것을 이용하면 ㉠+㉡+10°=180°이고, ㉡+40°는 평각이므로 180°임을 알 수 있습니다. 따라서 ㉠+㉡ +10°=㉡+40°이고, ㉠=30°입니다.

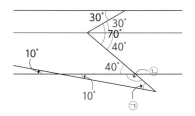

1-3

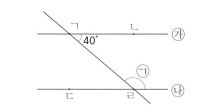

(각 ㄴㄱㄹ)과 (각 ㄷㄹㄱ)은 엇각으로 서로 같다.
(각 ㄷㄹㄱ)과 ㉠은 평각을 이루므로
(각 ㄷㄹㄱ)+㉠=180°이고, (각 ㄷㄹㄱ)=40°이므로
㉠=140°입니다.

1-4

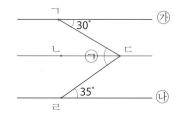

점 ㄷ을 지나고 직선 ㉮, ㉯에 평행한 직선을 그으면 각 ㄴㄷㄹ은 35°와 엇각으로 서로 같습니다.
각 ㄱㄷㄴ은 30°와 엇각으로 서로 같습니다. 따라서 ㉠=(각 ㄱㄷㄴ)+(각 ㄴㄷㄹ)이므로 65°입니다.

2-1 원에서 반지름은 길이가 같고 ㄹㅇ과 ㄹㅁ이 같으므로 ㄹㅁ=ㄹㅇ=ㄱㅇ=ㄴㅇ=ㄷㅇ입니다. 이등변삼각형과 외각의 성질을 이용하면,
(각 ㄱㄹㅇ)=(각 ㄹㅁㄷ)+(각 ㄹㅇㄷ)=40°이고,
(각 ㄱㄹㅇ)=(각 ㄹㄱㅇ)=40°이므로
㉠=(각 ㄹㄱㅇ)+(각 ㄹㅁㅇ)=60°입니다.
㉡=(180°-㉠)÷2=60°이므로 ㉠+㉡=120°입니다.

2-2 접혀진 부분에서 크기가 같은 각을 표시하면 아래 그림과 같습니다.

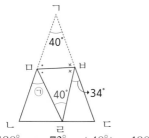

$$\times + \times + 34° = 180° \rightarrow \times = 73°, \quad \times + 40° + \bullet = 180° \rightarrow \bullet = 67°,$$
$$\bullet + \bullet + ㉠ = 180° \rightarrow ㉠ = 46°$$

2-3 (사각형 ㄱㄴㄷㄹ)은 사다리꼴이기 때문에 이웃하는 두 각의 크기의 합은 180°입니다.

㉴+128°=180° → ㉴=52°

사각형 ㄱㄴㄷㄹ과 사각형 ㄱㄹㅂㅁ은 접은 도형으로 합동입니다. 따라서 (각 ㄹㄱㄴ)=(각 ㄹㄱㅁ)입니다. 삼각형의 한 외각은 다른 두 내각의 크기의 합과 같으므로 (각 ㄱㄹㄷ)=㉮+(각 ㄹㄱㅅ)입니다. 이때 (각 ㄹㄱㅅ)=㉴이므로 ㉮+㉴=128°임을 알 수 있습니다. 따라서 ㉮=76°이고, ㉮−㉴=24°입니다.

3-1 사각형 ABCD는 평행사변형이므로 ∠D+∠A=180°입니다. ∠D=82°이므로 ∠DAB=98°이고, $\overline{AP}$는 각의 이등분선이므로 ∠DAP=49°입니다. 사각형 ABCD는 평행사변형이므로 ∠DAB=∠C=98°입니다. 따라서 사각형 네 각의 합이 360°임을 이용하여 ∠APC=360°−(49°+82°+98°)=131°입니다.

4-1 오각형은 세 개의 삼각형으로 나눌 수 있으므로 내각의 합은 180°×3=540°입니다. 그리고 정오각형의 한 내각은 108°입니다. 삼각형 ABC는 이등변삼각형이고 각 B는 108°이므로 각 BCA는 36°입니다. x는 정오각형의 한 내각의 크기에서 각 BCA를 뺀 것과 같으므로 x=108°−(각 BCA)=108°−36°=72°입니다.

4-2 내각과 외각의 합에 대한 내각의 비율은 $\frac{7}{9}$이며 내각과 외각의 합은 180°이므로 이 정다각형의 한 내각의 크기는 140°입니다. 정다각형의 내각의 총합은 180°×(□−2)=140°×□이므로 □=9입니다. 따라서 이 다각형은 구각형이고, 구각형의 대각선의 개수는 (9−3)×9÷2=27(개)입니다.

4-3 그림1과 같이 한 꼭짓점에 그을 수 있는 대각선의 개수는 5개입니다. 따라서 a=5입니다. 이때, 삼각형의 개수는 6개입니다. 따라서 b=6입니다. 그림2와 같이 내부의 한 점에서 각 꼭짓점에 선분을 그

을 때 생기는 삼각형의 개수는 변의 개수와 같은 8개입니다. 따라서 c=8이고, $a+b-c$=3입니다.

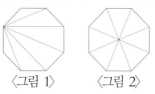

〈그림 1〉 〈그림 2〉

4-4 두 대각선이 만나는 점 O는 각각의 대각선을 이등분합니다. △+1=5이므로 △=4이고, □=16÷2이므로 □=8입니다. 따라서 □+△=12입니다.

03 평면도형의 측정

개념 확인		p.117~119

1 60cm **2** 14

3 162cm² **4** 2

5 원주, 원주율, 2, 원주율
(또는 원주, 원주율, 원주율, 2)

6 ㉠, ㉡, ㉢ **7** ②

풀이 과정

1 사각형 ㄹㅁㅂㅅ은 분류되지 않는 사각형으로 넓이를 구하는 공식이 존재하지 않습니다. 따라서 색칠된 두 도형에 각각 삼각형 ㅅㅂㄷ을 포함하여 삼각형의 넓이를 구하는 공식을 이용하여 문제를 해결합니다.

(사각형 ㄹㅁㅂㅅ의 넓이)+(삼각형 ㅅㅂㄷ의 넓이)

=(삼각형 ㄹㅁㄷ의 넓이)

$=\frac{1}{2}×30×32$

(삼각형 ㄴㄷㅂ의 넓이)+(삼각형 ㄷㅅㅂ의 넓이)

=(삼각형 ㄴㄷㅅ의 넓이)

$=\frac{1}{2}×16×$(선분 ㄴㄷ)

두 도형의 넓이가 서로 같으므로 (선분 ㄴㄷ)=60(cm)입니다.

2 오른쪽 그림과 같이 마름모를 사등분하면 각각은 직사각형의 넓이의 절반이 됩니다. 이 때 직사각형의 넓이는 마름모의 넓이의 2배이므로 504cm²입니다. 한편, 직사각형의 가

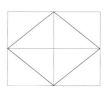

로와 세로의 길이는 마름모의 두 대각선의 길이와 같으므로 □에 알맞은 수는 504÷18÷2=14입니다.

3 접은 도형을 펴서 크기와 모양이 같은 것을 찾아보며 문제를 해결해 봅시다. 가로의 길이 39cm에서 (선분 ㄴㄷ), (선분 ㅁㅂ')을 빼서 (선분 ㄷㅁ)의 길이가 15cm임을 알 수 있습니다. (삼각형 ㄷㅁㅂ)은 이등변삼각형이므로 (선분 ㄷㅁ)=(선분 ㄷㄹ)입니다. 따라서 (선분 ㄷㄹ)의 길이도 15cm임을 알 수 있습니다. (사다리꼴 ㄱㄴㄷㄹ)의 윗변의 길이는 39-(선분 ㄷ'ㄹ)=24(cm)이므로 구하고자 하는 사다리꼴의 넓이는 (12+24)×9÷2=162(cm²)입니다.

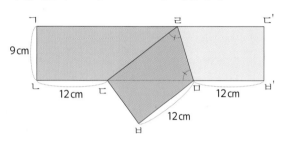

4 삼각형과 사다리꼴의 높이가 같습니다. 따라서 넓이를 구성하는 성분들 중 높이를 제외한 나머지 구성원들이 같아야 합니다.

(삼각형의 넓이)=(밑변의 길이)×(높이)÷2
　　　　　　　=8×(높이)÷2

(사다리꼴의 넓이)={(아랫변의 길이)+(윗변의 길이)}
　　　　　　　　×(높이)÷2
　　　　　　　=(6+□)×(높이)÷2

즉, 8(밑변의 길이)=6+□이므로 □=2(cm)입니다.

5 (원주율)=(원주)÷(지름)
(원주)=(지름)×(원주율)
　　　=(반지름)×2×(원주율)

6 값들을 모두 원주로 고쳐 줍니다.
㉠ 지름을 원주로 고치려면 원주율을 곱하면 됩니다. → 10×3.1=31cm
㉡ 원주가 27.9cm입니다.
㉢ 넓이를 원주율로 나누면 반지름을 두 번 곱한 값이 나옵니다. → 49.6÷3.1=16=4×4
원의 반지름이 4이고 원주는 (반지름의 길이)×2×(원주율)이므로 24.8cm입니다.

7 (작은 원 반지름의 길이)+2=(큰 원 반지름의 길이)입니다. 큰 원의 반지름은 6cm이므로 큰 원의 원주는 6×2×(원주율)=37.2(cm)입니다.

1-1 62m　　　　　　**1-2** 52cm

1-3 140cm²　　　　　**1-4** 420m²

2-1 ⑴ 평각(180°) ⑵ 정비례

2-2 8cm

3-1 288cm², 48cm

풀이 과정

1-1

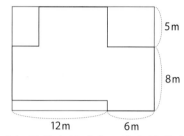

위 그림은 문제의 주어진 도형과 둘레의 길이가 같은 직사각형을 그려 놓은 것입니다.

직사각형은 가로의 길이가 18m, 세로의 길이가 13m입니다. 따라서 둘레의 길이는 62m입니다.

1-2 다음 그림처럼 사각형을 정사각형 1개와 직사각형 2개로 나누어 보면

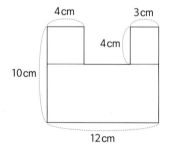

한 변의 길이가 4cm인 정사각형 1개와 가로와 세로의 길이가 각각 12cm, 6cm이거나 3cm, 4cm인 직사각형 2개로 구성됨을 알 수 있습니다. 이 정사각형과 직사각형의 둘레의 길이를 모두 더하면 66cm이지만 정사각형의 한 변과 작은 직사각형의 가로가 겹치므로 2번씩 빼주면 52cm입니다.

다른 풀이

다음 그림처럼 자투리 선분 하나를 옮겨 큰 직사각형 하나를 만든 후 추가되는 변 두 개를 더해도 됩니다.

10×2+12×2+4×2=52(cm)

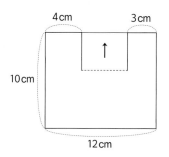

1-3 삼각형 ㄷㄹㅁ의 넓이가 49cm²이므로 변 ㄹㅁ을 밑변으로 하는 높이를 구하면 $\frac{1}{2}×7×(높이)=49(cm²)$이므로 14cm입니다. 삼각형 ㄱㄷㅁ의 밑변을 변 ㄱㅁ으로 했을 때 높이가 삼각형 ㄷㄹㅁ의 높이와 같으므로 삼각형 ㄱㄷㅁ의 넓이는 $\frac{1}{2}×8×14=56(cm²)$입니다. 삼각형 ㄱㄷㄹ의 넓이는 (삼각형 ㄷㄹㅁ)+(삼각형 ㄱㄷㅁ)=105(cm²)이고, 변 ㄷㄹ을 밑변으로 하는 높이를 구하면 $\frac{1}{2}×15×(높이)=105$ (cm²)이므로 높이는 14cm입니다. 따라서 삼각형 ㄱㄴㄹ의 넓이=$\frac{1}{2}×20×14=140(cm²)$입니다.

1-4 아래 그림과 같이 도로 부분을 없애고 색칠한 부분을 한쪽으로 모으면 가로 20m, 세로 21m인 직사각형의 넓이와 같아집니다.
따라서 색칠한 부분의 넓이는
20×21=420(m²)입니다.

2-1 (1) 반원은 중심각이 평각(180°)인 부채꼴입니다.

(2) 부채꼴의 넓이는 전체 원에 대한 부채꼴이 차지하는 비율로, 중심각이 커지면 정비례하여 넓이도 커집니다.

2-2 부채꼴 OBC와 부채꼴 OAB는 반지름의 길이가 같으므로 호의 길이는 중심각에 비례합니다. 직선 OC와 직선 AB는 평행하므로 엇각의 성질에 의하여 각 OBA는 30°입니다. 삼각형 OAB는 이등변삼각형으로 각 OAB와 각 OBA의 크기는 30°로 서로 같습니다. 삼각형의 내각의 합은 180°이므로 각 AOB의 크기는 120°입니다. 부채꼴 OBC와 부채꼴 OAB는 반지름의 길이가 같고 중심각의 크기가 4배이므로 호의 길이도 4배입니다. 따라서 호의 길

이는 8cm입니다.

3-1 원은 직선으로 움직이다가 꼭짓점을 만나면 한 점이 고정된 상태로 곡선으로 움직입니다. 곡선으로 움직이는 원의 자취가 부채꼴을 이루는데 이 부채꼴은 따로 모아 넓이가 108cm²(원주율×6×6)인 원을 만들 수 있습니다. 원이 지나간 부분에서 부채꼴들을 빼면 세 개의 직사각형이 나오는데 이 직사각형은 가로 10cm, 세로 6cm로 넓이는 총합 180cm²입니다. 따라서 원이 지나간 부분의 넓이는 288cm²입니다. 원의 중심이 움직인 거리는 직선 부분 30cm와 곡선 부분 18cm(원주율×2×반지름)로 총합 48cm입니다.

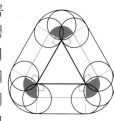

04 입체도형 및 입체도형의 측정

개념 확인		p.125~129
1 ⑤		**2** 7
3 ②		
4 (1)기 (2)뿔 (3)뿔 (4)기 (5)기		
5 변 ㄹㅁ		**6** 84cm³
7 8cm		**8** ④
9 1944cm²		**10** ⑤
11 ③		**12** 107.2cm
13 ㉠, ㉡, ㉢		

풀이 과정

1 모든 각기둥의 옆면은 직사각형입니다. 따라서 옆면이 직사각형이라는 조건으로는 각기둥의 이름을 알 수 없습니다.

2 오각뿔은 밑면 1개와 옆면 5개로 이루어졌습니다. 칠각뿔에는 각뿔의 꼭짓점 1개와 밑면에 꼭짓점 7개가 있습니다. 사각기둥에는 두 밑면에 각각 4개씩의 꼭짓점이 있습니다.
㉠+㉡÷㉢=㉠+(㉡÷㉢)=6+(8÷8)=6+1=7

3 ㉡은 모서리입니다.

4 (1) 각기둥의 설명입니다. 각뿔은 밑면이 한 개입니다.

(2) 각뿔의 설명입니다. □각형의 변의 개수가 □개일 때, □각뿔의 면의 수는 (□+1)개, □각기둥의 면의 수는 (□+2)개입니다.

(3) 각뿔의 설명입니다. 각기둥의 옆면은 모두 직사각형입니다.

(4) 각기둥의 설명입니다. □각형의 꼭짓점의 수는 □, □각기둥의 모서리의 수는 아래, 중간, 위에 모두 □개씩 있습니다.

(5) 각기둥의 설명입니다. □각기둥의 꼭짓점의 수는 아래와 위에 모두 □개씩 있습니다.

5 전개도를 보고 입체도형을 상상하여 포개어지는 변을 구합니다.

6 (가로의 길이)=4(cm), (세로의 길이)=3(cm), (높이의 길이)=7(cm)
(직육면체의 부피)=4×3×7=84(cm³)

7 부피 336 cm³에서 가로 7 cm와 세로 6 cm를 나누면 높이가 나옵니다. 따라서 높이는 336÷7÷6=8(cm)입니다.

8 1 m³는 가로, 세로, 높이가 모두 1 m인 정육면체의 부피이므로 가로, 세로, 높이가 모두 100 cm인 정육면체의 부피와 같습니다. 따라서 1(m³)=1000000(cm³)이고 옳은 것은 ④입니다.

9 문제의 직육면체를 쌓아 만든 정육면체는 가로의 길이가 6의 배수이어야 하고 세로의 길이가 9의 배수이어야 하며 높이가 3의 배수이어야 하므로 정육면체의 한 변의 길이는 6, 9, 3의 공배수입니다. 6, 9, 3의 최소공배수는 18이므로 이 직육면체를 가로로 3개씩, 세로로 2줄, 높이 6층을 쌓으면 한 변의 길이가 18 cm인 정육면체가 만들어집니다. 정육면체의 겉넓이는 한 면의 넓이의 6배와 같으므로 18×18×6=1944(cm²)입니다.

10 ①②③ 온전한 입체도형이 만들어지지 않습니다.
④ 원뿔이 만들어집니다.
⑤ 원기둥이 만들어집니다.

11 모선의 길이는 일정합니다. 따라서 선분 ㄱㅂ, 선분 ㄱㄷ, 선분 ㄱㅁ의 길이는 모두 같고, 10 cm임을 알

수 있습니다.

12

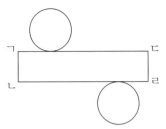

위 전개도에서 둘레의 길이는 지름이 8 cm인 두 원의 둘레와 직사각형 ㄱㄴㄷㄹ의 둘레 길이의 합과 같습니다. 원 둘레의 길이는 (지름)×(원주율)이고 직사각형의 둘레의 길이는 {(가로 길이)+(세로 길이)}×2인데, 선분 ㄱㄷ(또는 선분 ㄴㄹ)의 길이가 원 둘레와 같아야 원기둥의 전개도라 할 수 있습니다. 그러므로 원 둘레의 길이 4배와 직사각형 세로의 길이 2배를 합하면 됩니다.
(원 둘레의 길이)=8×3.1=24.8(cm)
(전개도의 둘레의 길이)=24.8×4+4×2
=99.2+8
=107.2(cm)

13 ㉡ 기둥을 밑면과 윗면이 선으로 보이도록 옆에서 바라보면 직사각형처럼 보이게 됩니다.

약간 위에서 본 모양   옆에서 본 모양
㉢ 원기둥은 꼭짓점이 없습니다. 따라서 옳은 것은 ㉠, ㉡, ㉣입니다.

개념 넓히기   p.131~133

1-1 360 cm³	**1-2** 11 cm
1-3 66	**1-4** $\frac{5}{2}$(=2.5) cm
2-1 ④	**2-2** ②
2-3 ③	

풀이 과정

1-1 밑면의 넓이를 먼저 구하고 부피를 구합니다. 사다리꼴의 넓이는 평행한 두 변 길이의 합에 높이를 곱한 것을 반으로 나눈 것과 같습니다.

$\frac{1}{2} \times (6+12) \times 4 = 36 \, (\text{cm}^2)$

(기둥의 부피)=(밑면의 넓이)×(높이)

$= 36 \times 10 = 360 \, (\text{cm}^3)$

1-2 직각삼각형의 넓이는 밑변과 높이를 곱한 값을 반으로 나눈 것과 같습니다.

$\frac{1}{2} \times 5 \times 12 = 30 \, (\text{cm}^2)$

(기둥의 부피)=(밑면의 넓이)×(높이)에서 높이를 ○라 두면 330=30×○에서 ○=11임을 알 수 있습니다. 따라서 높이는 11 cm입니다.

1-3 밑면의 넓이 : $\frac{1}{2} \times (8+4) \times 3 = 18$

옆면의 넓이 : $(5+8+4+6) \times 6 = 138$

⇒ 겉넓이 : ㉠=(18×2)+138=174

부피 : ㉡=18×6=108

⇒ ㉠−㉡=66

1-4 아래 그림과 같이 물의 부피를 2배 하면 직육면체가 됩니다.

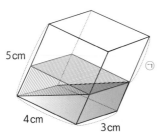

물의 부피가 15 cm³이므로, 색칠한 직육면체의 부피는 30 cm³입니다. 직육면체 부피는 (밑면의 넓이)×(높이)이므로 높이를 ◇라 두면 12×◇=30 (cm³)에서 ◇=$\frac{5}{2}$(cm)이고, 전체 높이에서 색칠한 직육면체의 높이를 빼면 ㉠=$5 - \frac{5}{2} = \frac{5}{2}$ (cm)가 됩니다.

2-1 밑면의 넓이는 위쪽과 아래쪽의 두 삼각형 넓이의 합으로 계산합니다.

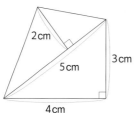

(위쪽 삼각형의 넓이)=$\frac{1}{2} \times 2 \times 5 = 5 \, (\text{cm}^2)$

(아래쪽 삼각형의 넓이)=$\frac{1}{2} \times 4 \times 3 = 6 \, (\text{cm}^2)$

(밑면의 넓이)=5+6=11 (cm²)

(사각기둥의 부피)=11×8=88 (cm³)

2-2 밑면의 넓이는 반지름 길이가 4인 원의 넓이이므로 49.6 cm²입니다.

(원기둥의 부피)=(밑면의 넓이)×(높이)=49.6×12

물의 부피는 원기둥 부피의 절반이므로

$\frac{49.6 \times 12}{2} = 297.6 \, (\text{cm}^3)$입니다.

2-3 반지름의 길이가 3인 원의 넓이는 27 cm²입니다.

밑면은 반원이므로 $\frac{27}{2}$ cm²이고,

(각기둥의 부피)=$\frac{27}{2} \times 8 = 108 \, (\text{cm}^3)$입니다.

개념 끝내기 ① 회 p.134~135

1 32 cm

2 (1) 3쌍 (2) 12개 (3) 8개

3 1 cm²　　**4** 20 cm

5 114 cm　　**6** 5개

7 30　　**8** 126°

9 6개　　**10** 520000 cm²

11 6, 5, 60, 10, 50　　**12** 15°

풀이 과정

1　혼자서도 풀 수 있다, 단계별 힌트!

| 1단계 | 세 원의 지름의 합을 구해 봅니다. |

반지름이 4 cm인 원의 지름 : 8 cm,

반지름이 8 cm인 원의 지름 : 16 cm

가장 큰 원의 지름은 세 원의 지름의 합과 같으므로 8+8+16=32(cm)입니다.

2　혼자서도 풀 수 있다, 단계별 힌트!

| 1단계 | 직육면체 구성 요소에 대한 개념을 읽어 봅니다. |

(1) 직육면체에는 평행한 면이 2개씩 3쌍 있습니다. 평행한 면은 크기가 같습니다.

(2) 면과 면이 만나는 선분은 모서리이고, 직육면체에서 모서리는 12개입니다.

(3) 세 모서리가 만나는 점은 꼭짓점이고, 직육면체에서 꼭짓점은 8개입니다.

3 | 혼자서도 풀 수 있다, 단계별 힌트!
| 1단계 | (삼각형 2개 면적)=(정사각형 1개 면적) |

왼쪽 도형 : (작은 정사각형 12개)+(삼각형 4개)=(작은 정사각형 14개)=14(cm²)
오른쪽 도형 : (작은 정사각형 13개)=13(cm²)
따라서 넓이의 차는 14−13=1(cm²)입니다.

4 | 혼자서도 풀 수 있다, 단계별 힌트!
| 1단계 | 매듭을 제외하고 전체 사용된 끈의 길이를 생각해 봅니다. |
| 2단계 | 가로, 세로, 높이가 각각 몇 번씩 들어갔는지 확인해 봅니다. |

$10×4+5×6+12×2=94$(cm)
$114−94=20$(cm)

5 $8×8+5×2+10×4=64+10+40=114$(cm)

6 | 혼자서도 풀 수 있다, 단계별 힌트!
1단계	몇 칸부터 둔각이 되는지 확인해 봅니다.
2단계	평각(180°)은 둔각이 아닙니다.
3단계	4칸짜리와 5칸짜리로 구분해 봅니다.

4칸짜리 : 3개
5칸짜리 : 2개
둔각의 개수는 총 3+2=5(개)입니다.

7 | 혼자서도 풀 수 있다, 단계별 힌트!
| 1단계 | 삼각형의 넓이 구하는 공식을 이용해 봅니다. |

$60×12÷2=360$(cm²)
$□×24÷2=360$, $□=30$(cm)

8 | 혼자서도 풀 수 있다, 단계별 힌트!
| 1단계 | 맞꼭지각의 성질을 이용해 봅니다. |
| 2단계 | (두 내각의 합)=(나머지 한 각의 외각) |

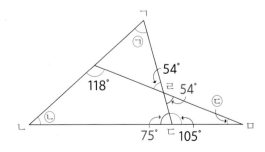

(각 ㄷㄹㅁ)=54°입니다.

(각 ㉢)=180°−105°−54°=21°
(각 ㄹㄷㄴ)=180°−105°=75°
삼각형 ㄱㄴㄷ에서 (각 ㉠)+(각 ㉡)=180°−75°=105° 입니다. 따라서 (각 ㉠)+(각 ㉡)+(각 ㉢)=105°+21°=126°입니다.

9 | 혼자서도 풀 수 있다, 단계별 힌트!
| 1단계 | 종이를 자른다는 것에 주의합니다. |

직사각형은 마주 보는 변이 서로 같고 평행이므로 잘려진 6개의 사각형은 모두 마주 보는 한 쌍의 변이 서로 평행인 사다리꼴입니다.

10 네 부분으로 나뉘어진 꽃밭을 모아 붙이면 직사각형이 됩니다.
$(1500−200)×(600−200)=1300×400=520000$(cm²)

11 | 혼자서도 풀 수 있다, 단계별 힌트!
| 1단계 | (전체 넓이)−(색칠 안 된 넓이) |

(큰 직사각형의 넓이)−(작은 직사각형의 넓이)로 색칠한 부분의 도형의 넓이를 구할 수 있습니다.
$(10× \boxed{6})−(\boxed{5}×2)= \boxed{60} − \boxed{10} = \boxed{50}$(cm²)

12 | 혼자서도 풀 수 있다, 단계별 힌트!
| 1단계 | 3직각=270° |
| 2단계 | 삼각자의 세 각은 (30°, 60°, 90°) 또는 (45°, 45°, 90°)입니다. |

(각 ㉠)는 180°−30°=150°이고
(각 ㉡)는 180°−45°=135°이므로,
(각 ㉠)+(각 ㉡)=150°+135°=285°입니다.
따라서 (각 ㉠)+(각 ㉡)은 3직각(270°)보다 15°가 더 큽니다.

개념 끝내기 **2** 회		p.136~137
1 105°	**2** 수혁, 400cm²
3 108cm²	**4** 2cm
5 ㉮, ㉯	**6** 75°
7 ㉠=9, ㉡=7, ㉢=8	**8** ④
9 6	**10** 75cm²
11 6.2cm	**12** ③

풀이 과정

1

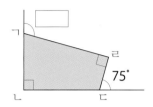

사각형의 각 꼭짓점을 ㄱ, ㄴ, ㄷ, ㄹ이라 하면

(각 ㄹㄷㄴ)=180°-75°=105°

(각 ㄴㄱㄹ)=360°-90°-105°-90°=75°입니다.

따라서 □=180°-75°=105°입니다.

2

(민지의 천의 넓이)=180×220=39600(cm²)

(수혁이의 천의 넓이)=2×2=4(m²)

4(m²)=40000(cm²)이고 39600<40000이므로, 수혁이의 천의 넓이가 40000-39600=400(cm²) 더 넓습니다.

3

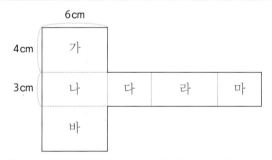

위의 전개도에서 면 가와 바, 면 나와 라, 면 다와 마가 각각 합동입니다. 따라서 가, 나, 다의 넓이의 합을 구하여 2배 하면 직육면체의 겉넓이를 구할 수 있습니다.

(직육면체의 겉넓이)

=(전개도의 넓이)

=(가, 나, 다의 넓이의 합)×2

=(24+18+12)×2=108(cm²)

4

그릇 (가)에 가득 찬 물의 부피는 5×4×6=120(cm²)이고, 그릇 (나)의 밑면의 넓이가 12×5=60(cm²)이므로 물을 그릇 (나)에 모두 부으면, 그릇 (나)에 담긴 물의 높이는 120÷60=2(cm)입니다.

5

크기가 같은 두 개의 각이 있으면 이등변삼각형입니다.

㉮의 세 각의 크기 : 80°, 50°, 50°

㉯의 세 각의 크기 : 60°, 60°, 60°

㉰의 세 각의 크기 : 40°, 80°, 60°

㉱의 세 각의 크기 : 120°, 35°, 25°

6

삼각형 ㄱㅁㅂ과 삼각형 ㄹㅁㅂ은 서로 합동이므로 대응되는 각의 크기가 같습니다. 따라서

(각 ㄱㅂㅁ)=(각 ㄹㅂㅁ)=(180°-50°)÷2=65°

(각 ㅁㄱㅂ)=(각 ㅁㄹㅂ)=40°

따라서 (각 ㉮)=180-65°-40°=75°입니다.

7

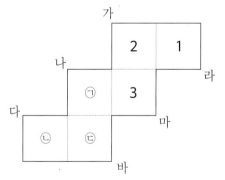

위의 그림에서 점선 부분을 접어서 정육면체를 만들면 가, 나, 다가 한점에서 만나게 되고, 바, 마, 라가 한 점에서 만나게 됩니다. 따라서 면 ㉠은 면 2, 3, ㉡과 모서리를 공유하므로 면 ㉠은 1이 적힌 면과 마주 보므로 ㉠에 들어갈 수는 9입니다. 같은 방법으로 ㉡은 3이 적힌 면과 마주 보므로 ㉡에 들어갈 수는 7, 마지막으로 ㉢에 들어갈 수는 2가 적힌 면과 마주 보므로 8입니다. 따라서 ㉠=9, ㉡=7, ㉢=8입니다.

8

혼자서도 풀 수 있다, 단계별 힌트!	
1단계	점선을 따라서 접었을 때 만나는 모서리들을 생각해 봅니다.
2단계	사각형 ㄴㄷㅂㅍ을 기준으로 점선을 따라 접어 봅니다.

이 전개도를 점선을 따라 접었을 때 모서리 ㅍㅎ과 만나는 모서리는 모서리 ㅍㅌ입니다.

9

혼자서도 풀 수 있다, 단계별 힌트!	
1단계	삼각형 종류별로 표시하며 세어 봅니다.

〈둔각삼각형〉

〈직각삼각형〉

〈예각삼각형〉

둔각삼각형 : 4개
직각삼각형 : 4개
예각삼각형 : 2개
따라서 4+4-2=6(개)입니다.

10

혼자서도 풀 수 있다, 단계별 힌트!	
1단계	밑변과 높이가 같은 삼각형은 넓이가 같음을 이용합니다.
2단계	직사각형의 대각선은 직사각형을 합동인 두 삼각형으로 나눕니다.

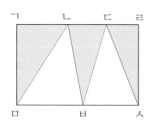

위의 그림에서
(삼각형 ㄴㅂㄷ의 넓이)=(삼각형 ㄴㅁㄷ의 넓이)
(삼각형 ㄷㄹㅅ의 넓이)=(삼각형 ㄷㄹㅁ의 넓이)
이므로 색칠한 부분의 넓이는 삼각형 ㄱㄹㅁ의 넓이와 같습니다. 따라서 색칠한 부분의 넓이는 직사각형 넓이의 반입니다. 그러므로 색칠한 부분의 넓이는 150÷2=75(cm²)입니다.

다른 풀이

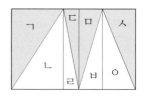

위의 그림에서
(삼각형 ㄱ의 넓이)=(삼각형 ㄴ의 넓이)
(삼각형 ㄷ의 넓이)=(삼각형 ㄹ의 넓이)
(삼각형 ㅁ의 넓이)=(삼각형 ㅂ의 넓이)
(삼각형 ㅅ의 넓이)=(삼각형 ㅇ의 넓이)
따라서 색칠한 부분의 넓이는 직사각형 넓이의 반입니다. 그러므로 색칠한 부분의 넓이는 150÷2=75(cm²)입니다.

11

혼자서도 풀 수 있다, 단계별 힌트!	
1단계	원의 넓이는 (반지름)×(반지름)×(원주율)입니다.
2단계	원의 넓이와 직사각형의 넓이는 같습니다.

원의 넓이와 직사각형의 넓이가 같으므로 색칠된 삼각형의 넓이는 원의 넓이의 $\frac{1}{6}$과 같습니다.

(삼각형 ㄱㄴㄷ의 넓이)=(선분 ㄴㅁ)×6×$\frac{1}{2}$

$$=6×6×3.1×\frac{1}{6}(cm²)$$

⇒ (선분 ㄴㅁ)×3=6×3.1
따라서 (선분 ㄴㅁ)=6.2(cm)입니다.

12

혼자서도 풀 수 있다, 단계별 힌트!	
1단계	가장 많은 면과 모서리를 공유하는 면을 기준으로 점선을 접어서 정육면체를 만들어 봅니다.

꼭짓점을 연결한 선이 두 면을 지나면서 모서리의 가운데를 지나는 점은 ③입니다.

math.nexusedu.kr

·

www.nexusEDU.kr

·

www.nexusbook.com

중등수학 전에 꼭 봐야 할 총정리!

한눈에 보는 넥서스의 초등 프로그램

스마트하게 공부하는 초등학생을 위한 최고의 선택!

영어의 대표

THIS IS VOCA 입문 / 초급

THIS IS GRAMMAR STARTER 1~3

(1일 1쓰기) 초등 영어 일기

초등필수 영문법 + 쓰기 1~2

초등필수 영단어 시리즈

1~2학년 3~4학년 5~6학년

초등 만화 영문법

수학의 대표

한 권으로 계산 끝 1~12

한 권으로 초등수학 서술형 끝 1~12

한 권으로 구구단 끝

한 권으로 초등수학 끝

국어의 대표

(1일 1쓰기)
초등 바른 글씨

(1일 1쓰기)
초등 맞춤법+받아쓰기 1~2

제2외국어의 대표

초등학교 생활 중국어 1~6 메인북 + 워크북 (별매)